W0354492

Dr. Cornelia Renczes

Jack Russell Terrier Parson Russell Terrier zu Hause

Inhaltsverzeichnis

Vorwort

» Jack Russell und Parson Russell Terrier sind bewegungsfreudige, aktive Hunde.

Einen Hund sein Eigen zu nennen, ist etwas Wunderschönes. Die Entscheidung für einen Hund ist die Entscheidung für eine Freundschaft, die Treue und Zuneigung verspricht und die ein ganzes Hundeleben währt. Wer diese Freundschaft möglichst lange genießen will, muss sich für den Kauf eines Welpen entscheiden. Welpen – gleich welcher Rasse und Herkunft – sind ungewöhnlich attraktiv und niedlich – sie sind oft ein einziger Appell an menschliche Emotionen.

„Augen auf beim Welpenkauf!", rät daher der Verband für das Deutsche Hundewesen (VDH), der Dachverband, in dem in Deutschland die seriösen Rassehundezuchtvereine zusammengeschlossen sind. Nicht ohne Grund achten der VDH und seine Zuchtvereine darauf, dass verantwortungsbewusste Züchter stets bemüht sind, nicht nur rassetypische, sondern vor allem gesunde und wesensfeste Hunde zu züchten, deren Gesellschaftsverträglichkeit überdies im nicht eben hundefreundlichen Deutschland außer Zweifel stehen muss.

So unglaublich es klingt: Nur gut ein Viertel der in Deutschland gekauften Welpen stammen aus VDH-Zuchten, die sich dadurch auszeichnen, dass die Einhaltung von anspruchsvollen Qualitätsstandards auch kontrolliert und gefördert wird. Der überwiegende Teil aller Welpen wird bei teils dubiosen Hundehändlern und zahlreichen verantwortungslosen Vermehrern erworben, die sich nicht selten zweifelhafter Vereine bedienen, um die Erzeugnisse ihrer „Hundeproduktion" mit ebenso phantasievollen wie dekorativen Abstammungspapieren zu versehen.

Und diese Vermehrer haben nur zu leichtes Spiel: Da alle Welpen nun einmal niedlich sind und mehr oder weniger stark dem Schutz- und Versorgungsinstinkte auslösenden Kindchenschema entsprechen, ist es für skrupellose Verkäufer ein Leichtes, „die Ware Hundewelpe" an Käufer zu bringen, deren Vernunft beim Welpenkauf offenbar weitestgehend ausgeschaltet ist.

» **Augen auf beim Hundekauf! Welpen sind immer süß, doch die Anschaffung sollte gut durchdacht werden.**

Dieser Entwicklung kann nur durch informierte, verantwortungsbewusste und kritische Welpenkäufer wirksam Einhalt geboten werden.

Welpenkäufer über den Hund ihrer Wahl sachkundig zu machen und ihnen ihre Verantwortung für ein Lebewesen vor Augen zu führen, das im Zweifel länger als ein Jahrzehnt Mitglied ihrer Familie sein wird, ist die Zielsetzung dieses Buches.

Mit Züchtern sind dabei ausschließlich Züchter von Rassehunden gemeint. Darin liegt keine Diskriminierung von Mischlingshunden, die sicherlich nicht minder liebenswert, anhänglich und leistungsfähig sind. Nur: Wer Hunde züchten oder Welpen kaufen will, über deren Größe, äußeres Erscheinungsbild und zu erwartende Wesenseigenschaften eine verlässliche Vorhersage möglich ist, muss sich für einen Rassehund entscheiden. Und in einer nicht gerade hundefreundlichen Gesellschaft tut jeder Hundeliebhaber gut daran, sich einen Welpen zu kaufen, bei dem er weiß, wie der erwachsene Hund aussieht, welche Verhaltensweisen bei ihm mit hoher Wahrscheinlichkeit zu erwarten sind – und den er zu beherrschen in der Lage ist. Zu welchem Hund sich ein Welpe jedoch letztlich entwickelt, wird entscheidend von den Menschen geprägt in deren Gemeinschaft er aufwächst.

Solange es Hunde gibt, wird auch dieser Satz seine Gültigkeit haben: Die Zucht macht den Welpen, die Aufzucht den Hund.

Praktisch bedeutet das: Aus einem verdorbenen Welpen mögen Menschen mit viel „Hundeverstand" unter Umständen noch einen passablen Hund machen können, aber der bestveranlagte Welpe kann durch nicht artgerechte Aufzucht und Haltung auch gründlich ruiniert werden.

Dieser Leitfaden soll Ihnen helfen, bei verantwortungsbewussten Züchtern einer zu Ihnen passenden Hunderasse einen gesunden, zu Ihnen passenden Welpen zu erwerben, ihn so aufzuziehen, dass Sie auf Dauer Freude an Ihrem vierbeinigen Gefährten haben und Ihr Interesse daran erwacht, sich ganz besonders intensiv mit Ihrem Schützling auseinanderzusetzen.

Rassestandard des Jack Russell Terriers

RASSESTANDARD

Welche Körper- und Wesensmerkmale ein rassetypischer Jack Russell Terrier als erwachsener Hund aufweisen muss, ist im Rassestandard beschrieben ...

Ursprung:
Großbritannien

Verwendung:
Guter Arbeitsterrier,
fähig einzuschliefen,
ausgezeichneter Begleithund

Allgemeines Erscheinungsbild:
Kräftiger, lebhafter, geschmeidiger Arbeitsterrier mit beweglichem, mittellangem Gebäude.
Flinke Bewegungen unterstreichen seinen durchdringenden, eifrigen Ausdruck.

Größe:
Hündinnen 33 cm
Rüden 25 - 30 cm

Gewicht:
jeweils ein Kilo pro 5 cm Widerristhöhe

Haarkleid:
kann glatt-, rau- oder stichelhaarig sein

Farbe:
Weiß muss vorherschen mit schwarzen und/oder lohfarbenen Abzeichen in allen Schattierungen.

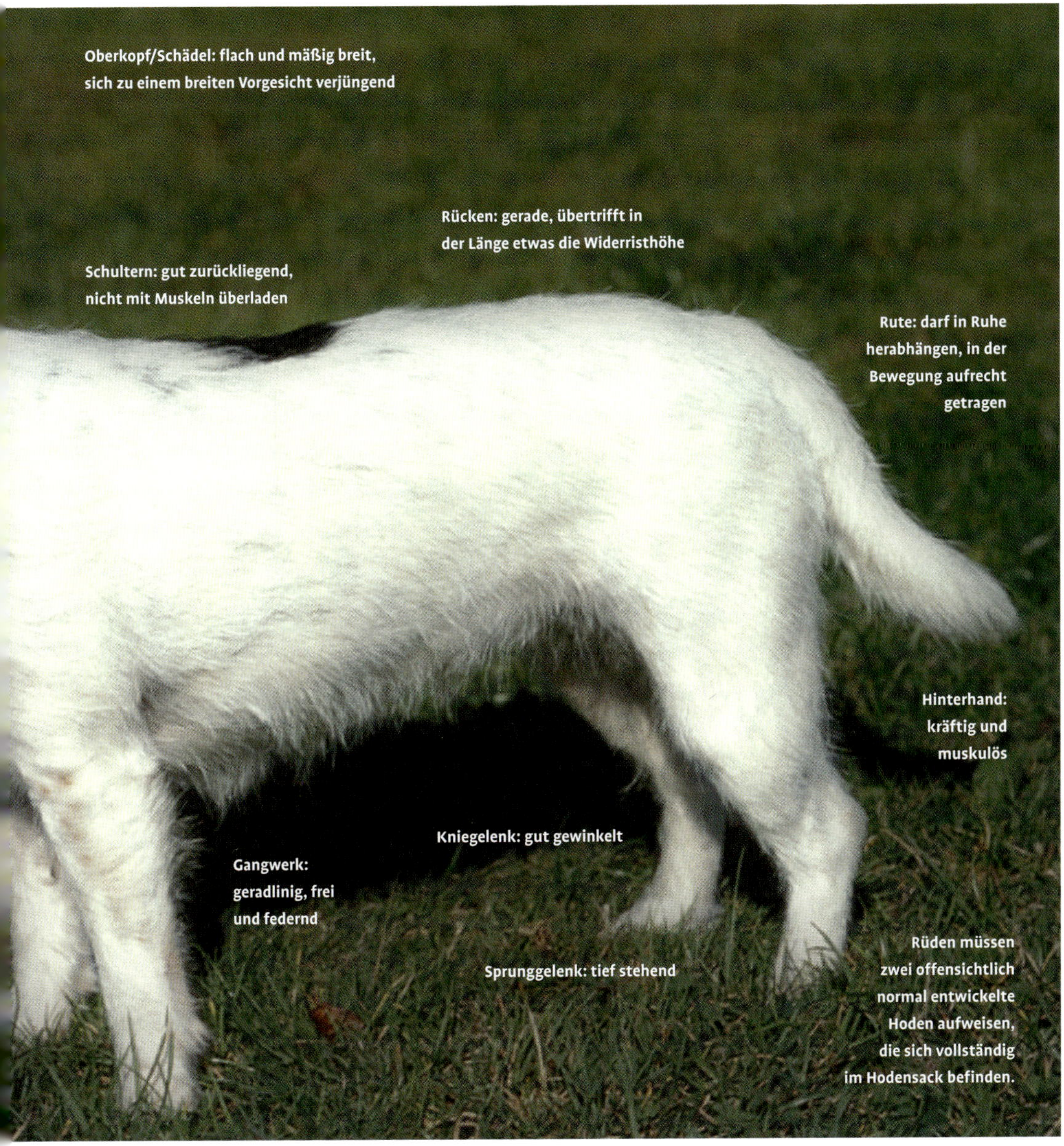
Oberkopf/Schädel: flach und mäßig breit, sich zu einem breiten Vorgesicht verjüngend
Rücken: gerade, übertrifft in der Länge etwas die Widerristhöhe
Schultern: gut zurückliegend, nicht mit Muskeln überladen
Rute: darf in Ruhe herabhängen, in der Bewegung aufrecht getragen
Hinterhand: kräftig und muskulös
Kniegelenk: gut gewinkelt
Gangwerk: geradlinig, frei und federnd
Sprunggelenk: tief stehend
Rüden müssen zwei offensichtlich normal entwickelte Hoden aufweisen, die sich vollständig im Hodensack befinden.

Rassestandard des Parson Russell Terriers

RASSESTANDARD

Welche Körper- und Wesensmerkmale ein rassetypischer Parson Russell Terrier als erwachsener Hund aufweisen muss, ist im Rassestandard beschrieben …

Ursprung:
Großbritannien

Verwendung:
derber, widerstandsfähiger Arbeitsterrier, besonders für die Arbeit unter der Erde geeignet

Allgemeines Erscheinungsbild:
arbeitsfreudig, lebhaft, wendig; für Schnelligkeit und Ausdauer gebaut. Vermittelt einen allgemeinen Eindruck von Harmonie und Beweglichkeit.

Größe:
Rüden 36 cm
Hündinnen 33 cm
Übermaß oder Untermaß von 2 cm ist möglich!

Haarkleid:
harsch, anliegend und dicht, rauhaarig oder glatt

Farbe:
vollständig weiß oder vorwiegend weiß mit lohfarbigen, gelben oder schwarzen Abzeichen in allen Schattierungen

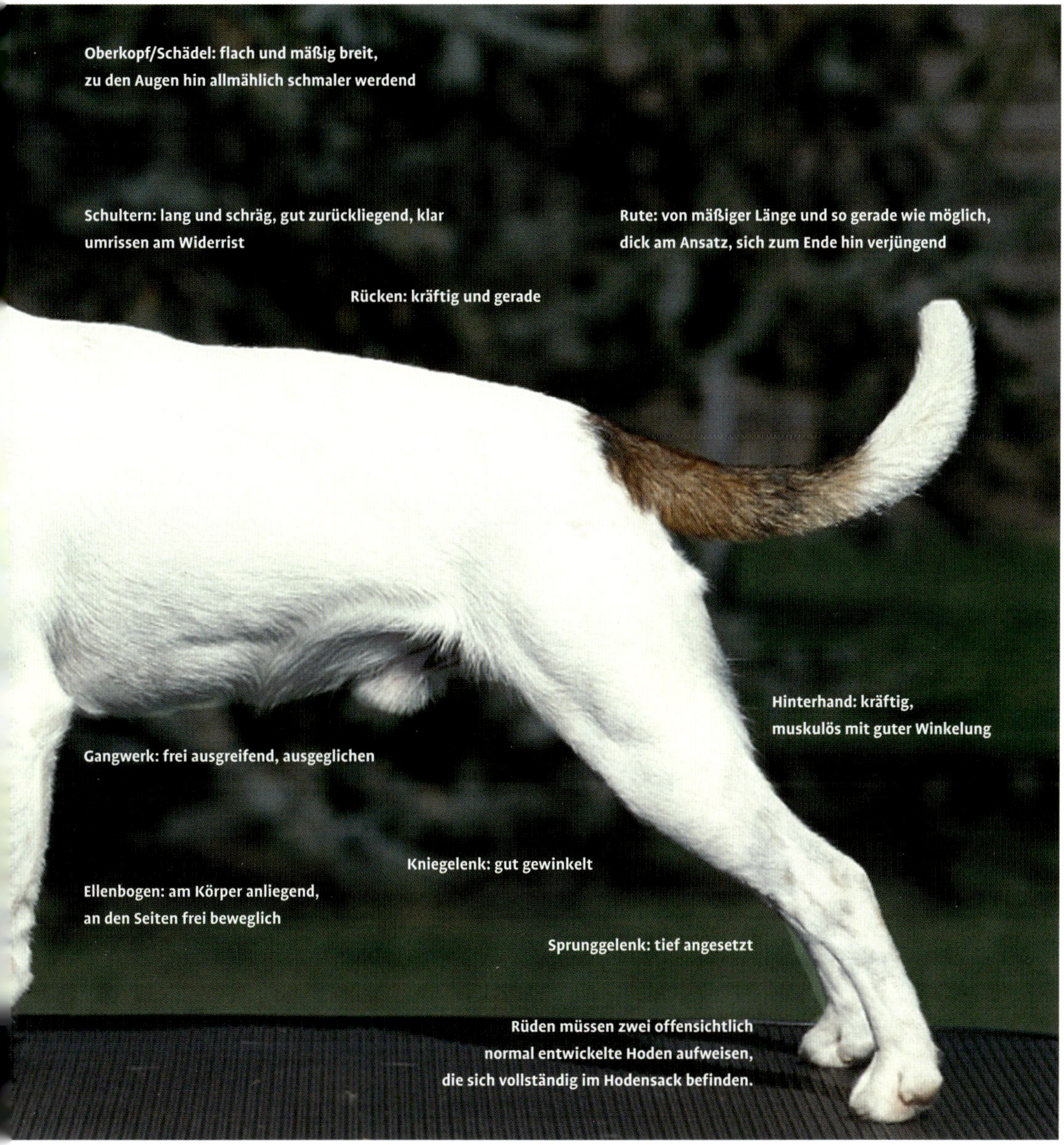
Oberkopf/Schädel: flach und mäßig breit, zu den Augen hin allmählich schmaler werdend
Schultern: lang und schräg, gut zurückliegend, klar umrissen am Widerrist
Rute: von mäßiger Länge und so gerade wie möglich, dick am Ansatz, sich zum Ende hin verjüngend
Rücken: kräftig und gerade
Hinterhand: kräftig, muskulös mit guter Winkelung
Gangwerk: frei ausgreifend, ausgeglichen
Kniegelenk: gut gewinkelt
Ellenbogen: am Körper anliegend, an den Seiten frei beweglich
Sprunggelenk: tief angesetzt
Rüden müssen zwei offensichtlich normal entwickelte Hoden aufweisen, die sich vollständig im Hodensack befinden.

Warum einen Jack Russell oder Parson Russell Terrier?

Der Faszination eines Russell Terrierwelpen kann sich kein Hundefreund entziehen. Die handliche Größe, die individuell immer variierende Farbverteilung und das muntere, lustige Wesen dieser Clowns auf vier Beinen besticht schon auf den ersten Blick. Doch die Anschaffung dieses quirligen Hausgenossen muss gut überlegt werden.
Die Größe bewegt sich je nach Rasse zwischen 25 und 36 cm, das Haarkleid kann glatt oder rauh sein. Die kleinen Kraftpakete sollen kinderfreundlich, lebhaft, wachsam, ausdauernd und trotzdem führig und anpassungsfähig sein.
All diese Eigenschaften waren schon bei den Ausgangszuchttieren erwünscht. Begründer beider Rassen war der Pfarrer John (Jack) Russel, der diese Hunde im 19. Jahrhundert in England züchtete und auf den auch der Name der Rassen zurückzuführen ist. Seine Stammhündin hieß „Trump", war auch schon überwiegend weiß mit wenigen Flecken und ein passionierter Jagdhund. Reverend Russell legte besonderen Wert auf folgende Eigenschaften: die Hunde mussten flink, mutig und klein genug sein, um einen Fuchs aus dem Bau zu sprengen, sie sollten aber besonnen genug sein, ihn nicht zu töten, was zu einem vorzeitigen Ende der geliebten Jagd geführt hätte. Die weiße Farbe war wichtig, um Terrier und Fuchs nicht zu verwechseln. Gutes Laufvermögen war ebenfalls gefordert, denn die Terrier sollten mit den größeren Meutejagdhunden und den Pferden Schritt halten können.
Im Gegensatz zu vielen anderen Terrierrassen ist der Russell Terrier bis zum heutigen Tag in erster Linie als Arbeitsterrier und nicht für den Ausstellungsring gezüchtet worden!
Viele der Eigenschaften , die der „ jagende Pfarrer" an seinen Hunden so schätzte, finden wir immer noch bei unseren Terriern heute. Wenn Sie sich also für einen kleinen Russell Welpen entscheiden, müssen Sie einkalkulieren , dass es sich um einen Jagdhund mit wachen Instinkten handelt. Wenn dem älter werdenden Terrier eine verlockende Wildspur oder gar flüchtendes Wild begegnet, kann ihn der Jagdtrieb schnell zur Verfolgung verleiten. Hier muss der Hundebesitzer stets aufmerksam sein, den Hund frühzeitig abrufen und in wildreichen Gegenden sicherheitshalber anleinen. Auch die sogenannte erwünschte „Raubzeugschärfe" der Jagdhunde, die die Bereitschaft zum Töten kleinerer Tiere umschreibt, ist natürlich beim Familienhund nicht erwünscht, aber durchaus noch oft vorhanden, und kann mitunter zu Familien- und Nachbarschaftsdramen führen. Der wuselige, knopfäugige Hamster ist in unseren Augen nur niedlich, in manchen Terrieraugen leider eher Beute. Wenn Sie also nicht nur ein großer Hundefan sind, sondern auch Horden huschender Kleintiere halten, wäre eine jagdlich weniger ambitionierte Rasse eher besser geeignet.

Natürlich spielen die individuelle Veranlagung des Welpen und die Aufzucht auch eine große Rolle, frühzeitig aneinander gewöhnt kommt ein Jack Russell auch mit der Hauskatze gut klar. Besonders beliebt sind Russell Terrier unter Reitern, weil sie gut mit Pferden auskommen. Erwachsen und gut trainiert können sie bei manchen Ausritten durchaus mitlaufen.

Jack Russell und Parson Russell Terrier sind aktiv, robust und sehr verspielt. Eigenschaften, die sie als Familienhunde prädestinieren und zu idealen Spielkameraden für Kinder machen können. Wenn, wie bei jedem Spiel, auch die Regeln eingehalten werden. Ein Terrierbaby ist kein Spielzeug und wird weder beim Schlafen noch beim Fressen gestört und schon gar nicht wie ein Stofftier durch die Gegend geschleppt. Umgekehrt muss der Terrier auch lernen, nicht zu grob und ungestüm mit den Kindern umzugehen, ein Erwachsener sollte das muntere Spiel zwischen Kindern und Hund jedoch stets überwachen. Aber auch in den Single Haushalt passt dieser anpassungsfähige Hund perfekt und bringt viel „Leben in die Bude". Aufgrund der handlichen Größe fühlen sich beide Rassen auch in einer Etagenwohnung wohl und können ihre Besitzer problemlos überallhin begleiten. Nicht verkraften können diese Hunde ein untätiges, faules Sofaleben, womöglich noch verbunden mit einer laschen Erziehung.

Diese intelligenten, kleinen Kraftpakete brauchen neben einer konsequenten Erziehung viel Auslauf und Beschäftigung. Zwei Stunden täglich sollten Sie dafür unbedingt einkalkulieren, und das bei Wind und Wetter. Von Welpenbeinen an gut sozialisiert sind besonders Hundebegegnungen ein echter Freudenquell und ermüden die Terrier in ausgelassenem Spiel meist schneller als noch so lange Spaziergänge. Zum Glück sind sowohl der Parson Russell als auch der Jack Russell Terrier langlebige Hunde, die durchaus vierzehn bis fünfzehn Jahre alt werden können. Das bedeutet Verantwortung für eine lange Zeitspanne, aber auch die Chance den geliebten Terrier viele Jahre um sich haben zu können.

» Parson Russell und Jack Russell Terrier sind sehr menschenbezogen und verspielt.

Rüde oder Hündin?

Wenn der Familienrat nach eingehenden Überlegungen zum Ergebnis kommt, dass das neue Familienmitglied ein Russell Terrier werden soll, stellt sich als Nächstes die Frage nach dem Geschlecht des neuen Hausgenossen: Rüde oder Hündin?

Bei manchen Hunderassen sind die Unterschiede zwischen den Geschlechtern stark ausgeprägt. Bei Riesenrassen können zwischen Rüden und Hündinnen schon Gewichtsunterschiede von zwanzig Kilo und mehr bestehen, die das Handling einer Hündin dann doch erleichtern. Bei anderen Varietäten sind die Mädels mitunter führiger und einfacher in die Familie zu integrieren. Dies trifft weder auf den Parson Russell Terrier noch auf den Jack Russell Terrier zu. Da beide Rassen weder groß noch riesig schwer werden, sind Rüden wie Hündinnen kräftemäßig gleichermaßen gut zu handeln. Temperamentsbolzen, Dickköpfe und verschmuste Couchpotatoes finden sich in beiderlei Geschlechtern. So können Sie nach persönlichem Geschmack und Lebensumständen entscheiden.

Wenn es in ihrem Wohngebiet fast nur Rüden gibt, kann die halbjährlich auftretende Läufigkeit drei Wochen lang zu einem kleinen Spießrutenlauf im Auslaufgebiet werden. Umgekehrt kann ein kleiner Russell Romeo, umgeben von einem Heer von attraktiven Hundemädels, schon häufig unter Liebeskummer leiden. Manche Hundehalter schließen sich deshalb bei der Anschaffung der „Geschlechtermehrheit" der Nachbarschaftshunde an. Wenn man allerdings einen kleinen „Kampfterrier" erwischt hat, der einem Scharmützel mit einem Geschlechtsgenossen nicht abgeneigt ist, was bei Rüden nicht selten ist, kann eine solche Auswahl auch anstrengend werden. Auch der Gartenfan der Familie sollte ein „Wörtchen" mitreden dürfen: Den einen stören „Brandflecke" im Rasen, die die Hündin produziert, der andere ärgert sich über verätzte, bodennahe Pflanzäste, die der Rüde hinterlässt. Durch regelmäßige Spaziergänge und die richtige Erziehung lassen sich derlei „Gartenschäden" aber stark reduzieren.

Wenn Sie also keine ausgeprägte Vorliebe für eine Hündin oder einen Rüden hegen und es auch keine objektiv zwingenden Gründe für eines der beiden Geschlechter gibt, lassen sie sich Zeit mit ihrer Entscheidung bis der Traumwurf gefallen ist. Vielleicht besteht er nur aus Rüden oder das einzige Mädel bleibt beim Züchter und umgekehrt, dann findet sich mit einer diesbezüglich flexiblen Grundeinstellung oft leichter der passende Welpe!

Kastration – die bequeme Alternative?

Spätestens beim großen Spieltreff auf der Hundewiese taucht die Frage auf, ob und wann der kleine Neuzuwachs kastriert wird. Wer seinen Jacky oder Parson nicht ausstellen will und auch keinen Nachwuchs des eigenen Vierbeiners plant, wird sich früher oder später mit dieser Frage auseinandersetzen müssen. Eine generelle Empfehlung für diesen operativen Eingriff kann keinesfalls gegeben werden. Dem steht auch das deutsche Tierschutzgesetz entgegen, das eine klare medizinische Indikation fordert. Dies kann zum Beispiel bei der Hündin eine vereiterte Gebärmutter sein, beim Rüden Prostataveränderungen. Bei der Kastration des Rüden werden die beiden Hoden unter einer kurzzeitigen Narkose entfernt. Nach dem Eingriff muss etwa 10 Tage lang sorgsam darauf geachtet werden, dass der Hund die Wunde nicht beleckt oder gar die Fäden herausnagt. Bei der Kastration der Hündin muss hingegen die Bauchdecke geöffnet werden, um die Eierstöcke und gegebenenfalls auch die Gebärmutter zu entfernen. Es handelt sich nicht um eine Sterilisation: Hierfür würden nur die Eileiter (beim Rüden die Samenstränge) durchgetrennt, Läufigkeit und Deckbereitschaft blieben erhalten, es würde lediglich kein Nachwuchs entstehen – ein fragwürdiger medizinischer Eingriff.

Wann ist der Eingriff für Ihren kleinen Terrier sinnvoll? Ihr putziger Rüde kann vor Liebeskummer nicht schlafen und fressen, wenn er irgendwo eine heiße Hündin wittert. Er weint und fiept ständig, beim Spazierengehen stellt er die Ohren auf Durchzug und flitzt davon, um die Herzensdame zu suchen. Bei anderen Rüden reitet der kleine Romeo auf und beginnt oft Raufereien. Dann wird es Zeit zur Kastration, sie gibt Ihnen und Ihrem Hund ein ausgeglicheneres und ruhigeres Leben, neben den Gefahren, denen der streunende Rüde sich und vor allem auch andere aussetzt. Nicht wenige Rüden werden bei solchen Liebesausflügen an- oder gar überfahren. Wenn Ihre kleine Hündin stark scheinschwanger wird nach den Läufigkeiten, oder kaum ein Spaziergang während der Hitze möglich ist, weil immer ein verliebter Rüde lauert, kann auch hier über die Kastration nachgedacht werden. Der Eingriff sollte dann nach der ersten Hitze durchgeführt werden, weil dadurch das Risiko der Hündin, später Geschwulste in der Milchleiste zu entwickeln, stark absinkt. Manche Hündinnen werden nach der Kastration inkontinent, das heißt, sie verlieren tröpfchenweise unkontrolliert Urin. Dies kommt bei Russell Terrier Hündinnen aber sehr selten vor. Besonders die Rüden werden häufig verfressener, hier muss der Besitzer gegensteuern und die Futtermenge entsprechend bemessen, dann bleibt auch der kastrierte Jacky schlank und fit. Bei rauhaarigen Rassevertretern kann das Fell etwas länger und weicher werden.

Am besten fällen Sie Ihre Entscheidung in Absprache mit Ihrem Züchter und einem Tierarzt Ihres Vertrauens!

» Diesem aufmerksamen Blick entgeht so leicht nichts.

» Für ein Spielchen immer zu haben!

Vorüberlegungen

Spontankäufe von Tieren sind besonders problematisch! Fehlkäufe von nicht belebten Dingen können durch einen Umtausch oder Rückgabe unproblematisch korrigiert werden, die Anschaffung eines lebenden Tieres, inbesondere eines Hundes jedoch, sollte wohlüberlegt sein.

» **Jeder dieser süßen Welpen fordert viel Aufmerksamkeit und Zuwendung. Deshalb muss die Anschaffung von allen Familienmitgliedern gut überlegt werden!**

Die Verantwortung für dieses vierbeinige Familienmitglied für viele Jahre ist groß und erfordert zuvor gründliche Überlegungen, ob man den vielfältigen Anforderungen, die sich für eine artgerechte Hundehaltung ergeben, auch gerecht werden kann.

- Zunächst stellt sich die **Zeitfrage:** Die Aufzucht eines Welpen ist nicht möglich, wenn alle Familienmitglieder viele Stunden außer Haus sind. Doch nicht nur Anwesenheit ist wichtig, sondern auch Energie und Willenskraft, solch temperamentvolle Rassevertreter zu bewegen, zu beschäftigen und konsequent zu erziehen. Auch wenn die Kinder alles versprechen, erlahmt ihr Interesse oft schnell und die Hauptlast tragen die Eltern, deshalb müssen alle Familienmitglieder für die Anschaffung des neuen Hausgenossen sein. Insbesondere auch der- oder diejenige Person, die für Sauberkeit und Ordnung im Haus zuständig ist, denn auch ein kleiner Terrier schleppt jede Menge Haare und Schmutz ins Haus.

» **Schnell wird aus dem niedlichen Hundebaby ein aktiver, durchsetzungsfähiger Terrier, der hohe Anforderungen an seine Besitzer stellt.**

- Für die Haltung dieser handlichen Terrier ist keine Landhausvilla mit riesigem Grundstück erforderlich, eine Etagenwohnung tut es auch. Aber der Jack Russell ebenso wie der Parsson Russell Terrier sind keine Sofahunde, die mit einem kleinen Gang um den Block zufrieden sind. Sie brauchen gerade bei Wohnungshaltung **viel Beschäftigung und Bewegung** in freier Natur.

- Wer in einer **Mietwohnung** lebt, braucht vor der Anschaffung des Welpen die schriftliche Erlaubnis seines Vermieters bezüglich der Hundehaltung.

- Last not least die leidige **Kostenfrage**. Ein Russell Terrierbaby aus verantwortungsvoller Zucht (und nur ein solches sollte es sein!) hat seinen Preis, hinzu kommt dann die Hundesteuer, die unbedingt erforderliche Hunde-Haftpflichtversicherung, Kosten für Ernährung und Pflege, für den Tierarzt und die Hundeschule. Zerstörungen an Möbeln können auch mal passieren, manchmal muss auch der Zaun ausbruchssicher umgestaltet werden.

Gerade die ersten Tage mit dem Familienzugang können sehr anstrengend werden, das hohe Kontaktbedürfnis des Hundebabys und die permanent nötige Überwachung in den Anfangswochen können besonders in „Ersthundfamilien“ den Tagesablauf tüchtig durcheinander bringen.
Wenn Sie sich all das zutrauen, kann nun die Suche nach dem Traumzüchter beginnen!

- Natürlich passt der Parson oder der Jacky auch bestens in einen **Singlehaushalt**, zumal er , gut erzogen, überallhin mitgenommen werden kann. Trotzdem sollte hier genau überlegt werden, wer den Hund betreuen kann, wenn zum Beispiel ein Krankenhausaufenthalt oder etwa eine unaufschiebbare Geschäftsreise ansteht.

Parson Russell und Jack Russell Terrier möchten immer dabei sein. Auch bei einer Tour im Planwagen, wo es gilt, die Kutschpferde genau im Auge zu behalten. »

▸ Einmalige Kosten

- Welpen-Kaufpreis
- Schlaf-/Ruhekorb (Kunststoff)
- Transportbox (Kunststoff) bzw. Zimmerzwinger (verzinkt)
- Korbeinlagen (waschbare Kunstfelle/Vlies)
- Fressnapf (Edelstahl/Kunststoff)
- Wassernapf (Edelstahl/Kunststoff/Steingut)
- Türgitter
- Brustgeschirr/breites Halsband
- Leine (mind. 2 m Länge, fix oder flexibel)
- Spielzeug (kaufest)

▸ Grundausstattung und Pflege

- Metallkamm mittelfein und fein
- Bürste mit Naturborsten
- Krallenzange
- Ohrenpflegemittel
- Zahnpflegemittel

▸ Jährlich wiederkehrende Kosten

- Hundesteuer
- Hunde-Haftpflichtversicherung (dringend zu empfehlen)
- Impfungen und Wurmkuren
- Ernährung
- Sonstiges (z.B. Ersatz von verschlissener Grundausstattung, Medikamente, tierärztliche Behandlungen)
- eventuell Tierkrankenversicherung bzw. Operationskostenversicherung

Persönliche Voraussetzungen

- Bin ich finanziell in der Lage, die gesamten Kosten der Hundehaltung auf Dauer zu tragen?
- Habe ich bedacht, dass die Entscheidung zum Kauf eines Jack Russell Terriers oder eines Parson Russell Terriers auch bedeutet, für 12 bis 15 Jahre Verantwortung für ein Lebewesen zu übernehmen?
- Wird die Entscheidung von allen Familienmitgliedern, vor allem vom Haushaltsführenden, getragen, und hat niemand gesundheitliche Bedenken (Hundehaarallergie)?
- Bin ich in der Lage, einen temperamentvollen, beschäftigungsfreudigen Hund mit Liebe, Geduld und Konsequenz zu erziehen?
- Sind für den Urlaub das Mitnehmen oder die Betreuung des Hundes gesichert?
- Kann sich wenigstens ein Familienmitglied täglich mehrere Stunden um den Terrier kümmern, und ist der Hund während des Tages nicht regelmäßig mehr als vier Stunden allein?
- Ist in meiner Mietwohnung das Halten von Hunden erlaubt? Bin ich bereit und ist es möglich, meinen Garten ausbruchsicher zu gestalten (Zaun circa 120 cm hoch, mit „Grabeschutz" versehen), ihn hundegerecht (giftfrei) zu bepflanzen und Abschied vom „englischen" Rasen zu nehmen?
- Bin ich bereit, dem Hund regelmäßig die erforderliche mehrstündige Bewegung zu verschaffen?

Damit die Bindung zu den Artgenossen nicht stärker wird als zum Menschen, ist jetzt viel Sozialkontakt mit dem Züchter und dem zukünftigen Besitzer notwendig. Besuchen Sie die Kleinen, beim Beobachten der Welpen stellt sich schnell heraus, wer zu Ihnen passt.

Die Wahl des Züchters

» Suchen Sie nach einem seriösen Züchter ...

... dessen Mutterhündin Ihnen in Ausdruck und Wesen gefällt. »

Die Wahl der Zuchtstätte ist mindestens so wichtig wie die Auswahl des Terrierbabys selbst, zumal bei einer Rasse, die leider stark in Mode gekommen ist. Dies ruft immer viele „Vermehrer" auf den Plan, denen das schnelle Geld und nicht die sorgsame Welpenaufzucht wichtig ist. Papier ist geduldig und so schützt auch eine wunderschön gestaltete Ahnentafel, die man auch leicht selbst drucken kann, nicht vor einem Fehlkauf! Häufig kommt das Argument, man wolle ja selbst nicht ausstellen oder gar züchten und anerkannte Papiere seien deshalb unwichtig. Keinem Hundekäufer sollte aber unwichtig sein, wie die Mutterhündin gehalten wird. Nicht selten werden Hündinnen als Zuchtmaschinen missbraucht und müssen in ausgedienten Schweineställen einen Wurf nach dem anderen produzieren, dies sollten Sie nicht durch einen Spontankauf auch noch unterstützen.

Deshalb sollten Sie sich vor dem Kauf vertrauensvoll an den Verband für das Deutsche Hundewesen e.V., abgekürzt VDH wenden. Er ist der Dachverband aller seriösen Rassehundezuchtvereine in Deutschland und international anerkannt. Hier sorgen strenge Auflagen für artgerechte Haltung und kontrollierte Zucht.

» **Ein Terrierwelpe liebt attraktive Spielsachen. Vielleicht kommen dann Ihre Schuhe unbeschadet durch das turbulente erste Jahr!**

Parson Russell Terrier und Jack Russell Terrier werden innerhalb des VDH vom Klub für Terrier e.V. betreut, der Parson zusätzlich noch im Parson Jack Russell Terrier Club Deutschland e.V. Hier erfahren Sie alles Wissenswerte rund um Ihre Lieblingsrasse, also auch Ausstellungstermine und Clubtreffen. Dies ist die ideale Gelegenheit, viele Rassevertreter und ihre Besitzer kennenzulernen, sich zu informieren, zu vergleichen und auch schon Kontakte zu Züchtern zu knüpfen. Die Vereine haben auch Welpenvermittlungen, die genau informiert sind, wann und wo welche Würfe erwartet werden und welche Züchter noch Welpen abzugeben haben.

Ein vertrauenswürdiger Züchter gibt dem Interessenten, nach Terminabsprache, Gelegenheit zu einem unverbindlichen Besuch. Hier können Sie die Zuchthündin, seltener den Rüden und eventuell weitere Hunde des Züchters kennenlernen. Sie sehen, wie die Hunde gehalten werden und wie das Verhältnis der Tiere zum Züchter ist. Leben die Terrier im Zwinger und wird mit vielen Hündinnen gezüchtet, sollte man von einem Kauf besser Abstand nehmen. Im Gespräch mit erfahrenen Züchtern erfahren Sie viel Wissenswertes über die Rasse sowie die Ausstellungsergebnisse oder Arbeitsprüfungen der Elterntiere. Selbstverständlich ist auch ein Blick in die Ahnentafeln der Eltern, die Zuchtzulassungsunterlagen und die Gesundheitschecks der Ahnen möglich. Für jeden Welpen wird vor der Abgabe ein Wurfabnahmeprotokoll durch einen Zuchtwart des Vereins erstellt, das Auskunft über den Entwicklungszustand und eventuelle Fehler gibt. Lassen Sie sich vom Züchter erklären, warum er gerade diese Verpaarung gewählt hat und welche Resultate ihm vorschweben. Zuchtergebnisse sind natürlich nicht exakt planbar, aber man kann versuchen, erwünschte Eigenschaften zu verstärken. Wenn der Züchter an Sie überhaupt keine Fragen richtet, suchen Sie besser einen anderen. Jeder gewissenhafte Züchter möchte seine Welpen richtig und für ein Hundeleben lang platzieren und muss Sie deshalb genau zu Ihren Lebensumständen befragen. Fragen wie und wo Sie wohnen, wer den Welpen betreut, was im Urlaub mit dem Hund geschieht, welche Eigenschaften Sie von Ihrem neuen Familienmitglied erwarten, dienen nicht der Stillung der Neugier des Züchters, sondern sollen beide Seiten vor einem Fehlkauf bewahren. Eine persönliche Abholung, der idealerweise regelmäßige Besuche der Welpenschar vorausgegangen sind, ist selbstverständlich. Dabei gibt der Züchter viele Tipps, um Sie auf den Umgang mit dem neuen Hausgenossen vorzubereiten. Wenn er Ihnen dann noch glaubhaft versichert, Ihnen auch nach dem Kauf beratend zur Seite zu stehen, dann haben Sie wirklich Ihren Traumzüchter gefunden. Im Gespräch sollte unbedingt zur Sprache kommen, ob ein reiner Familienhund, ein Jagd-, Zucht- oder Ausstellungshund gesucht wird, dann kann der Züchter später mit Ihnen gemeinsam den am besten geeigneten „Kandidaten“ heraussuchen.

Damit Jack Russell oder Parson Russell Terrier ein enges Vertrauensverhältnis zum Menschen aufbauen, brauchen Sie engen Kontakt. Schon deshalb ist es so wichtig, dass die Hündin im Haus mit der Züchterfamilie lebt und hier auch die Welpen großgezogen werden. Schon die kleinen Welpen werden durch Hochnehmen und Wiegen vom ersten Tag an auf den Menschen geprägt. Später hören sie all die Geräusche, die in einem normalen Haushalt entstehen, also Staubsauger, Radio, Kindergeschrei, Töpfeklappern usw., und werden so auf ihr späteres Leben vorbereitet. Ab der 4. Woche etwa ist dann Freigang angesagt. Ein gut eingezäunter, möglichst großer und vielgestaltiger Gartenauslauf sorgt für weitere Abwechslung an der frischen Luft! Versteck- und Rückzugsmöglichkeiten, unterschiedliche Bodenbeläge, insbesondere Naturböden wie Rasen, Sand oder Erde, sowie unterschiedliche Spielsachen sorgen für eine gesunde Entwicklung der Welpenschar.

KÖNNEN FOLGENDE FRAGEN MIT „JA“ BEANTWORTET WERDEN?

- Ist der Züchter Mitglied im rassebetreuenden VDH-Verein, KfT oder PJRTCD? (Clubs siehe Anhang)
- Lehnt es der Züchter ab, ohne den Käufer persönlich zu kennen, eine telefonische Verkaufszusage zu geben?
- Besteht der Züchter darauf, vor einer Verkaufszusage die Interessenten persönlich kennenzulernen?
- Erbittet der Züchter vor seiner Zusage von Ihnen umfassende Informationen über Sie, Ihre Familie und Ihre Lebensverhältnisse?
- Zeigt sich der Züchter auf Fragen eines Welpeninteressenten informationsbereit?
- Hält der Züchter seine Hunde im Haus ?
- Hat der Züchter nur so viele Hunde, dass jeder einzelne die notwendige Zuwendung erhält – mitunter auch ältere Hunde?
- Hat der Züchter nur so viele Welpen, dass die Betreuung und Sozialisierung jedes einzelnen gewährleistet ist?
- Ist am Verhalten der Hunde zu erkennen, dass der Züchter ein enges Verhältnis zu seinen Hunden hat?
- Ist die Umgebung der Hunde hygienisch und sauber? Ist zu erkennen, dass regelmäßig gereinigt wird?
- Macht die Mutterhündin einem gesunden und agilen Eindruck?

KANN DER ZÜCHTER FOLGENDE DOKUMENTE VORLEGEN...

- die Zuchtzulassungsunterlagen der Elterntiere
- die Zwingerschutzkarte (VDH)
- das Zwingerbuch
- den Wurfabnahmeschein/das Zuchtwartprotokoll
- eine Ahnentafelkopie (und ein Foto) des Deckrüden
- ordnungsbehördliche Genehmigung nach § 11 b Tierschutzgesetz (ab drei zuchtfähigen Hündinnen)
- Haben die Elterntiere einen Wesenstest oder eine Beurteilung des Wesens erfolgreich bestanden?

» Grenzerfahrung: Im Spiel lernen die Kleinen kontrolliert zuzubeißen.

... SO SPRICHT ALLES DAFÜR, DASS DER ZÜCHTER VERANTWORTUNGSBEWUSST UND VERTRAUENSWÜRDIG IST!

Die Auswahl des Welpen

Wichtige Körper- und Wesensmerkmale

Jeder Züchter verteilt seine Welpen nach einem eigenen Prinzip. Manche überlassen die Wahl dem Käufer, mitunter schon beim ersten Besuch der erst wenige Tage alten Hundebabys. Andere teilen die Welpen erst später zu und versuchen, sorgfältig jeder Familie den temperamentmäßig am besten harmonierenden Hund zu vermitteln. In den ersten Lebenstagen kann nur eine Auswahl bezüglich des Geschlechts und der Farbe getroffen werden.

In den ersten drei Lebenswochen sollte kein verantwortungsbewusster Züchter schon Käufer an die Wurfkiste lassen, das verbietet nicht nur die Infektionsgefahr für die Welpen, sondern auch die ständige Beunruhigung der säugenden Hundemutter. In der vierten oder fünften Woche kann man die Hundebabys dann nach Absprache besuchen. Der Züchter selbst sollte seine Hunde am besten kennen und mit Ihnen gemeinsam den richtigen Welpen für Ihre Lebenssituation aussuchen. Wesen und Körperbau lassen sich erst mit sieben oder acht Wochen einigermaßen zuverlässig beobachten und einschätzen.

» **Diese originelle Färbung macht den Kleinen besonders attraktiv. Sie sollte trotzdem nicht allein ausschlaggebend für die Auswahl sein.**

» **Wenn die richtige Wahl getroffen wurde, steht der Entwicklung einer harmonischen Hund-Mensch Beziehung nichts im Wege.**

Grundsätzlich muss ein Jack Russell- oder Parson Russell-Terrierwurf sich putzmunter, zutraulich, freundlich und neugierig zeigen. Auch die Mutterhündin ist anwesend, sie darf zwar scharf beobachten, sollte aber auch ein ausgeglichenes, nicht aggressives Verhalten zeigen. Nicht nur, dass sich der Charakter beider Elterntiere vererbt, sondern das Vorbildverhalten der Mutter prägt das Wesen der Welpen zusätzlich. Fremde Menschen werden von normalen Terrierwelpen begeistert begrüßt und abgeschleckt, Schuhe beknabbert und abgestellte Taschen geplündert. Wenn alle Hundebabys sich so ausgeglichen präsentieren, können Sie getrost hier einen Welpen erwerben. Sollten sich die Welpen aber ängstlich zeigen oder gar bei Ihrer Annäherung verkriechen, müssen in Ihrem Kopf alle Alarmglocken schrillen. Furchtsam quäkende und verschreckte Welpen sind völlig untypisch und können leicht zu angstaggressiven Hunden werden. Gerade bei den Terrierrassen sind Welpen sehr kontaktfreudig und mutig. Zeigen sie sich anders, sind sie wahrscheinlich nicht verhaltensgerecht aufgezogen und Sie müssen weitersuchen!

Außerdem achten Sie noch auf folgende Merkmale:

- Augen und Nase müssen frei von Ausfluss und möglichst dunkel pigmentiert sein.
- Ohren und Fell sollten sauber und frei von Ungeziefer sein. Der Welpe riecht angenehm und keinesfalls etwa nach Kot oder Urin.
- Die Welpen sind in gutem Ernährungszustand. Auffällig runde Bäuche können auf Wurmbefall hindeuten. Fragen Sie den Züchter nach seinem Entwurmungsschema.
- Das Gebiss sollte ein Scherengebiss sein, das heißt, die Schneidezähne des Unterkiefers greifen direkt hinter die Schneidezähne des Oberkiefers. Kieferverkürzungen und Verengungen sind Gesundheitsmängel, die in schweren Fällen tierärztlicher Behandlungen bedürfen.
- Nabelbrüche können vorkommen und müssen, wenn sie sehr groß sind, später operativ korrigiert werden. Wenn Sie am Welpenbäuchlein eine Beule spüren, fragen Sie den Züchter.
- Bei Rüden sollten im Alter von acht Wochen beide Hoden tastbar sein. Späterer Hodenabstieg ist möglich, aber nicht sicher und kann dann auch einen operativen Eingriff nötig werden lassen.

Wenn Sie einen Hund für Ausstellungen oder gar für die Zucht suchen, müssen auch viele körperliche Details beachtet werden, die für den Familienhund unwichtig sind. Hier sollte Ihnen der Züchter und der Zuchtwart des Vereins zur Seite stehen und Sie fachkundig beraten. Seriöse Züchter suchen nach bestem Gewissen den vielversprechendsten Hund für Sie heraus, schließlich werben Sie auf Ausstellungen unwillkürlich für den Zwinger des Züchters. Trotzdem bleibt bei dem Erwerb eines Welpen für Zucht und Show immer ein Restrisiko, da zum Beispiel die Entwicklung des bleibenden Gebisses oder andere körperliche Eigenschaften des erwachsenen Hundes nicht hundertprozentig vorausgesagt werden können.

Auch wenn Sie sich für einen Parson Russell oder Jack Russell Terrier wegen des typischen Temperaments dieser Rassen entschieden haben, sollten Sie vorsichtshalber noch Folgendes bedenken:

Auch wenn im eigenen Haushalt keine Kinder leben, sollte der Welpe mit kleinen und großen Menschen vertraut gemacht werden, zum Beispiel in einer Welpenspielgruppe.

Jeder Welpe eines Wurfes ist eine kleine Persönlichkeit, die neben rassetypischen Eigenschaften individuelle Charaktereigenschaften hat, die sie von den Wurfgeschwistern unterscheiden. Schon bei einem acht Wochen alten Hundebaby sind sichere Anzeichen da, ob es sich um ein eher ängstlich zurückhaltendes, ein sich leicht unterordnendes oder draufgängerisch mutiges Tier handelt. Jeder Welpenkäufer muss bei der Auswahl seines Welpen sorgfältig prüfen, ob das jeweilige Hundekind, das Familienmitglied für viele Jahre werden wird, mit dem eigenen Temperament, den häuslichen Lebensverhältnissen und liebgewordenen Gewohnheiten zusammenpasst. Manche Züchter lassen die Käufer schon nach wenigen Tagen aussuchen, was bei einer so attraktiv gezeichneten Rasse wie den Jack Russell oder Parson Russell Terriern zu einer Auswahl nach Farbkriterien führt. Der niedliche Kleine mit dem Farbtupfen über dem Auge soll es sein. Leider sagen solche Äußerlichkeiten herzlich wenig über den Charakter aus. So tauchen in meiner Welpenschule zum Beispiel regelmäßig ältere Menschen mit superaktiven Terrierrüden auf und sind völlig überfordert. Auf Nachfrage stellt sich dann meist heraus, dass der Hund wegen seiner originellen Zeichnung in den ersten Lebenstagen schon ausgesucht wurde. Deshalb ist es unbedingt zu empfehlen, den passenden Welpen zusammen mit dem Züchter nicht vor der sechsten oder siebten Lebenswoche auszusuchen. Ein guter, verantwortungsbewusster Züchter ist wegen der gründlichen Kenntnisse über das Wesen des Hundes im Allgemeinen und dem Verhalten des Einzelwelpens im Besonderen ohnehin der beste Berater! Ein aktiver Single mit Durchsetzungsvermögen kommt mit einem lebhaften, eher zur Dominanz neigendem Hund bestens klar, während ältere Menschen besser mit dem ruhigsten, leichter zu erziehenden Geschwistertier zurechtkommen. So kann der Raufbold des Wurfes zum Beispiel zu einem Jäger perfekt passen, während die Familie mit kleinen Kindern mit der sanftesten Prinzessin des Wurfes viel glücklicher wird.

Spielerisch werden die ersten Gehorsamsübungen trainiert.

Mittlerweile gibt es auch einige Anleitungen zur Durchführung von standardisierten Welpentests, die ohne großen Aufwand durchgeführt werden können, aber auch die Welpen in ihrer Wesensentwicklung nicht negativ beeinflussen. Der hier beschriebene Test kann Ihnen bei der Auswahl Ihres Traumhundes hilfreich sein. Selbstverständlich darf dieser Test nur in Abstimmung mit dem Züchter durchgeführt werden, schließlich wollen auch Sie nicht, dass Ihr armer Welpe von sämtlichen Interessenten irgendwelchen unkontrollierten Testsituationen ausgesetzt wird!

Diese Zwei unterscheiden sich nicht nur in der Fellfärbung, sonder auch im Charakter.

Ist der Welpe wohl genährt und kräftig?

Verhält sich der Welpe
- unauffällig
- zurückhaltend
- verspielt
- aggressiv
- selbstbewusst
- freundlich
- dominant
- ängstlich?

Hat der Welpe
- ein kräftiges und dichtes Fell? (keine Schuppen auf der Haut)
- eng anliegende, weder ein- noch auswärts gerollte Augenlider?

Hat der Welpe
- korrekte Körperproportionen und Winkelungen?
- gerade Läufe und kräftige Knochen?
- ein hinreichend kräftiges Pigment?
- die richtigen Schädelproportionen und keinen Apfel- oder Toykopf?
- eine korrekte Rute? (keine Stummel- oder Knickrute)
- einen korrekten Gebissschluss? (keinen Vor-, Rück- oder Kreuzbiss)

Mit dem nötigen Wissen kann man bei der Welpenwahl wichtige Kriterien besser beurteilen und die richtige Entscheidung treffen.

TEST 1

▶ Beobachten Sie den Welpen beim Spielen

1. Er springt auf andere Welpen und bedroht sie:	*dominant*
2. Er wirft sich auf den Rücken, wenn er angesprungen wird:	*unterwürfig*
3. Er weicht vor dem anspringenden Welpen nicht zurück, sondern knurrt und springt seinerseits den Angreifer an:	*sehr selbstsicher*
4. Er nimmt nicht allzu häufig an diesen Spielen teil, sondern beobachtet sie in unmittelbarer Nähe:	*unabhängig*
5. Er versteckt sich in einer Ecke:	*furchtsam*

TEST 2

▶ Spielen Sie mit „Ihrem" Welpen in einiger Entfernung von den übrigen Welpen. Berühren Sie beim Spielen vorsichtig Ohren, Pfoten, Rute, Bauch und Fang des Welpen.

1. Er beißt Sie, wenn Sie einen bestimmten Körperteil berühren:	*dominant-aggressiv*
2. Er springt auf Sie zu und schnappt spielerisch nach Ihren Fingern:	*dominant-verspielt*
3. Er weicht aus und geht auf Erkundungstour:	*unabhängig*
4. Er lässt zu, dass Sie ihn überall berühren:	*freundlich-sicher*
5. Er schreit und/oder weicht immer wieder aus:	*furchtsam*

TEST 3

▶ Lassen Sie in der Nähe des Welpen einen Gegenstand fallen.

1. Er bellt und stürzt sich auf das Objekt:	*dominant*
2. Er bellt, verharrt an seinem Platz und fixiert die Lärmquelle:	*wachsam, aber nicht aggressiv*
3. Er schaut sich das Lärmobjekt an und fährt fort, zu spielen:	*aufgeweckt und furchtlos*
4. Er erschrickt, läuft eine kurze Strecke davon, kehrt aber zurück und beginnt innerhalb einer Minute, wieder zu spielen:	*etwas – aber keineswegs übermäßig – furchtsam*
5. Er läuft weg und versteckt sich:	*furchtsam*

TEST 4

▶ Legen Sie ein Spielzeug neben den Welpen.

1. Er stürzt sich auf das Spielzeug und schleppt es von Ihnen weg:	*besitzergreifend, dominant*
2. Er geht auf das Spielzeug zu und spielt mit ihm an Ort und Stelle:	*unabhängig*
3. Er spielt mit dem Spielzeug und schleppt es herum:	*verspielt*
4. Er bringt Ihnen das Spielzeug, damit Sie mit ihm (dem Welpen) spielen:	*anhänglich und verspielt*
5. Er läuft ohne Spielzeug weg und versteckt sich:	*ängstlich/furchtsam*

TEST 5

Werfen Sie das Spielzeug.

1. Er läuft dem Spielzeug nach und schleppt es noch weiter weg: *starker Beutetrieb*
2. Er läuft dem Spielzeug nach und spielt am „Landeplatz“ mit ihm: *unabhängig*
3. Er läuft dem Spielzeug nach, bringt es zu Ihnen und lässt es neben Ihnen fallen: *Apportierfreudigkeit*
4. Er bringt das Spielzeug zurück, um mit Ihnen „Tauziehen“ zu machen: *guter Bringtrieb, sicher*
5. Er ignoriert das Spielzeug oder nähert sich ihm nur vorsichtig: *ängstlich*

TEST 6

Rollen Sie den Welpen sanft auf den Rücken und halten Sie ihn so für zehn Sekunden fest.

1. Er versucht, freizukommen und beißt nach Ihnen, bis Sie ihn loslassen: *dominant*
2. Er versucht einen Moment, freizukommen, und entspannt sich dann: *verspielt und sicher*
3. Er entspannt sich sofort: *unterwürfig*
4. Er quietscht und versucht, freizukommen, beißt vielleicht nach Ihnen, fügt sich aber schließlich: *ängstlich*

TEST 7

Gehen Sie rückwärts, klatschen Sie in die Hände und sprechen Sie mit hoher, lockender Stimme auf den Welpen ein. Wenn Sie etwa sechs Meter entfernt sind, hocken Sie sich nieder.

1. Er kommt mit nach vorn gestellten Ohren zu Ihnen und attackiert Ihre Füße: *dominant*
2. Er kommt zu Ihnen und geht dann wieder in die andere Richtung: *unabhängig*
3. Er kommt zu Ihnen und springt an Ihnen hoch: *verspielt*
4. Er kommt zu Ihnen und schaut Sie an: *leicht auszubilden*
5. Er beobachtet Sie aus einer entfernten Ecke oder er kommt auf dem Bauch angekrochen, legt sich vor Ihnen auf den Boden und winselt vielleicht sogar: *ängstlich*

» Jack Russell Terrier- und Parson Russell Terrierwelpen sollen lebenslustig und neugierig sein.

Entwicklungsphasen und Verhaltensentwicklung

Die dem VDH angeschlossenen Vereine geben ihre Welpen frühestens nach Vollendung der achten Lebenswoche ab. Um die Gründe für diese Vorschrift zu verstehen, muss man sich etwas eingehender mit den Phasen der Verhaltensentwicklung befassen.

Im Welpen- und Junghundealter durchläuft jeder Hund spezifische Entwicklungsphasen und benötigt je nach Phase bestimmte Außenreize, um sich optimal entwickeln zu können.

Ererbte Anlagen und Umwelteinflüsse wirken beim erwachsenen Hund zusammen, das heißt, die besten genetischen Vorraussetzungen kommen nicht zum Tragen, wenn der Welpe nicht sachgerecht aufgezogen wird. Umgekehrt kann auch die allerbeste Umwelt aus dem schlecht veranlagten Junghund kein hervorragendes erwachsenes Tier machen.

» **Dieser Welpe kommt jetzt in die Rangordnungsphase und braucht neben viel Beschäftigung auch eine konsequente Erziehung.**

Wenn Sie einen Terrierwelpen kaufen, sollten Sie sich vorher mit diesen entscheidenden Entwicklungsphasen vertraut machen. So versteht sich auch besser, warum der engagierte Züchter, was und zu welchem Zeitpunkt mit seinem Wurf macht .
Besonders bei so intelligenten, aktiven Hunden wie den Jack Russell und Parson Russell Terriern, sollte der Hundehalter um die Bedeutung der verschiedenen Phasen wissen, um Erziehungsfehler zu vermeiden.
Jeder potentielle Züchter sollte diese Entwicklungsstufen genau kennen, um seiner Aufgabe bei der Aufzucht gerecht werden zu können.

Der bekannte Hundekenner und –forscher Eberhard Trumler hat diese Phasen folgendermaßen eingeteilt:

• Vegetative Phase	1. und 2. Woche
• Übergangsphase	3. Woche
• Prägungsphase	4. bis 7. Woche
• Sozialisierungsphase	8. bis 12. Woche
• Rangordnungsphase	13. bis 16. Woche
• Rudelordnungsphase	5. bis 6. Monat
• Pubertätsphase	7. bis 12. Monat

Vegetative Phase – 1. und 2. Woche

Hundewelpen werden in sehr unfertigem Zustand geboren. Blind, die Augen sind noch dauerhaft verschlossen, taub, da auch die Gehörgänge noch nicht geöffnet sind. Das Geruchsvermögen ist noch wenig entwickelt. Trotzdem ist das kleine Wesen für diese frühe Entwicklungsphase bestens ausgestattet, Wärmeempfinden und Tastsinn lotsen den Saugwelpen zur lebenserhaltenden Milchquelle. Die Motorik ermöglicht das Kriechen und Abstemmen mit den Hinterbeinen beim Saugakt. Der sogenannte „Milchtritt" ist gut zu beobachten, hier bearbeiten die Kleinen mit den Vorderpfötchen rhythmisch und energisch das Gesäuge der Mutter, um den Milchtritt anzuregen. Wenn sich der Zwerg einsam fühlt, von den Geschwistern weggedrängt wird oder von der mütterlichen Zunge massiert und geputzt wird, ist das Protestgeschrei schon groß. Hauptaufgabe des Züchters in dieser Phase ist die optimale Betreuung der Mutterhündin, die sich abgeschirmt von Besucherströmen ganz auf ihre Babys konzentrieren kann. Schon jetzt werden die Kleinen aber vom Züchter berührt, herausgenommen und beim täglichen Wiegen einem milden Stress ausgesetzt.

» **In den ersten beiden Lebenswochen spielt die Hundemutter die Hauptrolle.**

» Trinken und Schlafen bestimmen den Tagesablauf der Saugwelpen.

Übergangsphase – 3. Woche

Mit dem Beginn der Übergangsphase, beim Parson Russell und Jack Russell Terrier etwa ab dem 12. Lebenstag, öffnen sich die Äuglein und die äußeren Gehörgänge. Seh- und Hörvermögen stellen sich aber erst allmählich in den folgenden Tagen ein. Auch der Geruchssinn wird täglich besser. Das Kriechen geht langsam in ein staksiges, unbeholfenes Gehen über. Mutter und Geschwister werden bewusst wahrgenommen, im Zeitlupentempo beschnüffelt, beknabbert und so erkundet. Zum Ende der dritten Woche kann man deutliche Spielversuche beobachten. Der Mensch rückt jetzt auch ins Zentrum des Interesses, seine Hand wird berochen und mitunter angesaugt.

Die Berührung der Maulwinkel des Welpen ruft herzhaftes Gähnen hervor. Jeder Welpe wird mehrmals täglich vom Züchter und seiner Familie herausgenommen, gehalten und gestreichelt. Auch das tägliche Wiegen fördert weiterhin den engen Kontakt zwischen Mensch und Tier. Gegen Ende der Woche kann auch schon einmal ein winziges Fleischbällchen gegeben werden, das eine positive Gewöhnung an die Hand des Menschen bewirkt. Normale Umweltgeräusche aus dem Haushalt sorgen für akustische Reize.

» Tollpatschig beginnen die Welpen ihre Umwelt zu erkunden.

Prägungsphase – 4. bis 7. Woche

Dies ist sicher die entscheidende Phase, um aus dem Welpen einen kontaktfreudigen, selbstsicheren und unbefangenen Hund werden zu lassen. Die Sinnesorgane sind täglich besser entwickelt und auch die Motorik wird immer besser. Die Welpen verlassen jetzt das Wurflager und beginnen ihre Umwelt zu erkunden. Auch mit Hilfe der täglich spitzer werdenden Zähnchen. Dieses Neugierverhalten führt zu immer neuen Erlebnissen und Erfahrungen, die zusammen mit den ererbten Instinkten des jungen Hundes das Verhalten prägen. Auch das Ausdrucksverhalten wird immer differenzierter, Schwanzwedeln, veränderliche Ohrstellungen, Fellsträuben sind ebenso zu beobachten wie Knurren, Winseln und ansatzweises Bellen.

Wenn die kleinen Jack Russell oder Parson Russell Terrierbabys in dieser Phase menschenfern in einer ausgedienten Pferdebox, einem abgelegenen Schuppen oder in einer ähnlichen „Produktionsstätte" aufwachsen, entstehen im Wesen der Kleinen Aufzuchtschäden, die ein Hundeleben lang nicht mehr gut zu machen sind. Was in dieser Lebensphase bezüglich Mensch- und Umweltprägung versäumt wird, kann nie mehr nachgeholt werden – es ist verhaltenswirksam geworden.

In der 3. bis 7. Woche muss die Prägung auf Artgenossen und Menschen erfolgen. Die Prägung auf Hunde erfolgt durch den Umgang des Welpen mit seiner Mutter und seinen Geschwistern. Die Mutterhündin beginnt die Welpen jetzt auch zunehmend zu erziehen, sie legt fest, wann und wie lange getrunken wird. Zu heftige Spielattacken werden erst durch Knurren und dann durch einen energischen Schnauzgriff geahndet. Einzelne Welpen werden von der Mutter auf den Rücken gedreht, beleckt und erst, wenn der Welpe sich ergibt, wieder in Ruhe gelassen.

Mit den Geschwistern wird immer heftiger gespielt und mitunter schon kräftig zugebissen, bevorzugt in die empfindlichen Ohren. Das jeweilige „Opfer" schreit dann heftig und geht meist zum wütenden Gegenangriff über. So lernen die Welpen im Spiel bestimmte Grenzen nicht zu überschreiten und vor allem kontrolliert zuzubeißen. Diese sogenannte Beißhemmung kann der Welpe dann auch auf den menschlichen Spielpartner übertragen. Genauso wichtig wie die Nähe zu den vierbeinigen Rudelgenossen ist in dieser

Phase der intensive Kontakt zum Menschen. Der Züchter und seine Familie verbringen viele Stunden täglich mit den Welpen mit Streicheln, Schmusen und Spielen. Damit die Prägung aber nicht auf diese wenigen Menschen beschränkt bleibt, sollten jetzt viele hundefreundliche Besucher zugelassen werden, insbesondere auch Kinder. Ideal ist, wenn Ihr Züchter nicht zu weit entfernt ist und Sie Ihren Welpen häufig besuchen können und so das Aufwachsen Ihres kleinen Terriers unmittelbar miterleben können.

Fehlt einem Welpen dieser intensive Menschenkontakt in den ersten acht Lebenswochen, bleibt der erwachsene Hund meist scheu und zurückhaltend mit Menschen, auch wenn man sich in den späteren Wochen viel Mühe gibt, Versäumtes aufzuholen. Ebenso wichtig ist aber auch der Umgang mit der Mutterhündin und den Geschwistern bis zur achten Lebenswoche, so entsteht ein gesundes Sozialverhalten gegenüber Artgenossen im späteren Hundeleben. Deshalb sollte auch der Erwerb eines Einzelwelpen, der notgedrungen ohne Geschwister aufwachsen muss, genau überlegt werden, häufig sind diese „Einzelkinder“ erwachsen schwieriger als Hunde, die in einem munteren Geschwisterrudel aufwuchsen.

Der Züchter erkennt in diesen Wochen immer klarer die Veranlagung der einzelnen Welpen und sieht, wer in welche Familie passt. Gegen Ende der Prägungsphase lässt sich dann auch besser vorhersehen, welcher Terrier ein energischer, mutiger Jagdhund, welcher ein vielversprechender Ausstellungshund und welcher ein idealer Familienhund für eine Familie mit Kindern wird.

Spielerisch lernen die Welpen sich unterschiedlichen Situationen anzupassen. »

Sozialisierungsphase – 8. bis 12. Woche

In der achten Woche bilden die Welpen mehr und mehr ein kleines Rudel. Sie gehen gemeinschaftlich auf Entdeckungen und unterstützen sich wechselseitig in bestimmten Situationen. Je nach Temperament und Erfahrungen wird draufgängerisch vorangeprescht oder auch schnell das schützende Lager aufgesucht. In vielen Kämpfchen untereinander versuchen die kleinen Terrier auch bereits Positionen zu erlangen und zu verteidigen. Damit die Bindung an die Artgenossen nicht stärker wird als zum Menschen, ist viel Sozialkontakt mit dem Züchter und künftig den Besitzern notwendig. Neben dem engen Umgang wie bisher wird jetzt auch zunehmend mit den Kleinen gespielt. Einzelne Welpen nimmt man minutenweise schon einmal aus dem Rudel heraus und beschäftigt sich intensiver mit ihnen. So lernt schon der ganz junge Hund, dass nichts so spannend und schön ist wie gemeinsame Aktivitäten und Spiel mit dem Menschen.

Auch die Mutterhündin lockert jetzt den Kontakt zu den Welpen; im Wolfsrudel würden Vater und ältere Geschwister stärker den Erziehungspart übernehmen. Der kleine Terrier ist mit Vollendung seiner achten Lebenswoche bereit für eine neue Sozialpartnerschaft und im idealen Alter, um in sein neues Heim überzusiedeln. In wenigen Tagen baut er eine feste Bindung an seine neuen Bezugspersonen auf. Spielerisch lernt der Welpe auf Zuruf zu kommen, zu sitzen und Leine und Halsband zu akzeptieren. Im Haus gilt es viele neue Regeln zu beachten, wie Möbel und Tapeten nicht anzuknabbern, stubenrein zu werden und vieles mehr. Der Welpe muss lernen, seinen Besitzer als Autorität zu akzeptieren und dies von Anfang an. Auch wenn der kleine Jack Russell oder Parson Russell Terrier noch so winzig und hilflos wirkt, er beobachtet scharf wo die Schwächen im neuen Rudel liegen und weiß sie auszunutzen. Natürlich wird der Zwerg mit liebevoller Konsequenz und Köpfchen erzogen und keinesfalls mit Gewalt „dressiert“. Wichtig ist auch, einmal wöchentlich an einer Welpenspielstunde teilzunehmen, hier kann das Terrierkind mit gleichaltrigen Artgenossen toben und sein Sozialverhalten mit Artgenossen weiterüben. Das Spiel mit anderen Welpen ist in der achten bis sechzehnten Lebenswoche sehr wichtig und kann auch nicht durch Kontakt zu erwachsenen Hunden ersetzt werden!

» Intensive Beschäftigung mit dem Junghund fördert die Bindung und schafft Vertrauen, neue Situationen zu meistern.

Rangordnungsphase – 13. bis 16. Woche

In der Mensch-Hund- Beziehung werden die Spielregeln weiter gefestigt. Der Mensch ist vertrauter und anerkannter Sozialpartner, mit ihm zu spielen und zu „arbeiten“ ist genussbringend für den Welpen. Kleine Erziehungsübungen wie „Sitz“, „Platz“, „Komm“ und „Bleib“ klappen, unterstützt von vielen Leckerlis und Lob, bereits immer besser. Wenn der Welpe beim Spaziergang einmal abgelenkt ist, versteckt sich der Besitzer rasch und lässt den Kleinen suchen. Dies fördert die Bindung und die Aufmerksamkeit des Hundes. Die Stellung des Hundes im menschlichen Rudel an unterster Stelle wird deutlich abgesteckt. Der Welpe muss lernen, sich vertrauensvoll vom Menschen an verschiedensten Körperstellen berühren zu lassen. Pfoten-, Augen-, Maul- und Ohrkontrolle werden regelmäßig geübt. Terrier sind sehr durchsetzungsfähige, willensstarke Hunde , die von solchen „Maßnahmen“ nicht immer begeistert sind, aber wenn nicht schon die Entfernung einer Zecke, das Abnehmen einer vielleicht gefährlichen „Beute“ oder gar der Tierarztbesuch in einen „Ringkampf“ ausarten soll, empfiehlt sich frühzeitiges Üben.

Rudelordnungsphase – 5. bis 6. Monat

Auch in dieser Entwicklungsphase ist der Junghund besonders aufnahmebereit und leicht weiterzuerziehen. Er möchte es seinem Menschen recht machen, kann sich schon länger konzentrieren und arbeitet gut mit. Kommende Jagdhunde werden zunehmend an ihre späteren Aufgaben herangeführt. Familienhunde sollten unbedingt auch weiter gefördert werden, zum einen, um ihre Lernbereitschaft und Intelligenz weiter auszubauen, zum anderen, damit sie sich nicht aus Langeweile und Unterbeschäftigung eigene „Aufgabenfelder“, zum Beispiel Jagen, erschließen. Gerade Arbeitshunderassen wie der Parson Russell oder der Jack Russell Terrier, die als reine Familienhunde gehalten werden, brauchen Beschäftigung und Auslastung. Dies können Apportierübungen, Suchspiele oder auch Kunststücke sein. Entscheidend ist, dass der Hund mit Eifer bei der Sache ist und kopfmäßig gefordert wird. Wer diese Phase ausgeprägter Lernbereitschaft ungenutzt verstreichen lässt, hat wieder eine Chance vertan, seinen Hund adäquat zu fördern.

Pubertätsphase – 7. bis 12. Monat

Diese Phase kann den Halter, wie bei halbwüchsigen Kindern auch, an den Rand der Verzweiflung treiben. Viele Hunde, insbesondere agile Rüden, stellen bereits etablierte Regeln wieder in Frage. Erziehungsübungen, die bereits gut klappten, funktionieren plötzlich gar nicht mehr. Die Terrierohren stehen auf „Durchzug“. Mit Konsequenz, eisernem Durchhaltevermögen und einer Portion Humor lässt sich aber auch diese Phase erfolgreich meistern und der Hund wird sich bald wieder wohlerzogen und gut geprägt präsentieren, insbesondere, wenn Sie die beschriebenen Phasen richtig genutzt haben.

» In der Pubertät ist die Umwelt oft so spannend, dass an Gehorsam manchmal nicht zu denken ist.

Mitunter werden Jack Russell Terrier oder Parson Russell Terrier Junghunde leider wieder abgegeben, häufig weil die Besitzer mit diesen aktiven, intelligenten Hunden überfordert sind und nicht genügend Zeit und Energie in die ersten, so wichtigen Lebensmonate investiert haben. Den Erwerb eines solchen Hundes muss man sehr sorgsam überdenken, die „Umerziehung“ eines solchen kleinen Rowdys ist meist sehr viel aufwändiger und schwieriger als die richtige Anleitung eines Welpen von den ersten Wochen an!

Mit viel Geduld und konstanter Beschäftigung mit dem Terrier, wird der alltägliche Umgang immer leichter, die Erziehung macht sich bemerkbar.

Die Übernahme des Welpen

Dies gilt es zu bedenken

Mit Vollendung der achten Lebenswoche ist der große Tag gekommen: Der Welpe kann in seine neue Familie umziehen. Er befindet sich jetzt mitten in der Sozialisierungsphase und somit im besten Alter, um sich in sein neues Rudel zu integrieren. Vom Züchter bestens auf Menschen und Umwelt geprägt, mit Geschwistern, Mutterhündin und vielleicht auch noch weiteren Hunden im Züchterhaushalt mit Artgenossen sozialisiert, ist der kleine Terrier bestens für sein neues Leben vorbereitet. Selbstverständlich steht der Züchter den neuen Besitzern seiner „Kinder“ weiter mit Rat und Tat zur Seite. Ein genauer Futterplan mit allen Angaben bezüglich Art des Futters, tägliche Menge und Futterzeiten wird ausgehändigt. Für die ersten Tage im neuen Heim gibt der Züchter auch einen Vorrat des gewohnten Futters mit, um dem Hundebaby die Umstellung zu erleichtern. Der Abschied von Mutter und Geschwistern, von den vertrauten Menschen und der gewohnten Umgebung, dazu eine oft längere Fahrt ins neue Zuhause ist schon einschneidend genug für den Welpen, deshalb sollte der kleine Organismus auf keinen Fall auch noch unnötig mit einem Futterwechsel belastet werden. Dies kann schnell zu einer Magen-Darmverstimmung mit Durchfall und Erbrechen führen, die dann dringend tierärztlicher Behandlung bedarf. Sehr empfehlenswert ist auch in der letzten Nacht im alten Zuhause eine Decke oder ein sogenanntes „Drybed“ als Schlafunterlage der Welpenschar zu benutzen, die - mit dem vertrauten Lagergeruch versehen - mit dem Welpen ins neue Zuhause umzieht. So habe ich es mit all meinen Welpen gehandhabt und damit nur beste Erfahrungen gemacht. Noch die längst erwachsenen Hunde benutzten diese Unterlage stets als Lieblingsdecke!

Gespannt und bereit auf sein neues Zuhause »

» Neben liebevoller Zuwendung sorgen auch aufregende Spielsachen für attraktive Ablenkung und erleichtern die schnelle Eingewöhnung im neuen Heim.

Über etwaige Mängel des Welpen klärt sie der Züchter selbstverständlich auf. Dies können völlig nebensächliche Punkte, wie zum Beispiel die Farbverteilung sein, die nur für den späteren Champion auf Ausstellungen eine Rolle spielen. Aber auch gesundheitliche Fehler kommen vor, wie etwa Nabelbrüche oder Zahnfehlstellungen , die bei starker Ausprägung eine mehr oder weniger aufwändige tierärztliche Behandlung nach sich ziehen können. Dies alles wird vom Zuchtwart des die Rasse im VDH betreuenden Vereins auch im sogenannten Wurfabnahmeprotokoll vermerkt, das der Käufer in Kopie oder Original erhält. Wichtig ist auch der Impfpass des neuen Familienmitglieds, der ebenfalls übergeben wird. Hier wird die bisher verabreichte Impfung (bisweilen auch bereits zwei) vermerkt, die gegen Staupe, Parvovirose, Hepatitis und Leptospirose (mitunter auch infektiösen Zwingerhusten) erfolgt ist. Circa vier Wochen nach dieser Erstimpfung wird die Grundimmunisierung mit der nächsten Injektion fortgeführt. Auch über diesen Termin sowie die nächste Wurmkur wird Ihr Züchter Sie informieren. Die zum Hund gehörende Originalahnentafel wird Ihnen, soweit sie bereits vorliegt, auch ausgehändigt. Häufig lässt die Ausstellung seitens der Vereine aber noch etwas auf sich warten und der Pedigree wird Ihnen dann unverzüglich zugeschickt. Im VDH gezüchtete Rassehunde werden entweder tätowiert oder mit einem Mikrochip unveränderlich gekennzeichnet. Diese Nummer wird im Impfpass, im Kaufvertrag und in der Ahnentafel schriftlich fixiert. So kann ihr Hundebaby niemals mehr verwechselt werden!

In der Regel wird auch ein schriftlicher Kaufvertrag abgeschlossen. Neben den üblichen Modalitäten wie Kaufpreis und Übergabe sind in diesen Verträgen häufig Schutzklauseln den Hund betreffend enthalten. So sichert sich der Züchter in der Regel das Vorkaufsrecht, wenn der Hund aus momentan nicht absehbaren Gründen doch einmal verkauft werden müsste. Damit möchte er verhindern, dass der von ihm mit viel Liebe großgezogene Welpe später einmal wie ein Wanderpokal durch verschiedene Hände geht. Manchmal enthalten die Verträge auch die Haltung betreffende Ausschlüsse, zum Beispiel Verbot der Ketten- oder Zwingerhaltung. Doch eigentlich versteht sich von selbst, dass solche Haltungsformen weder für einen munteren Jack Russell oder Parson Russell Terrier noch für einen anderen Hund artgerecht sind. Wenn der verkaufte Welpe ein vielversprechender Ausstellungs- oder Zuchthund zu werden verspricht, wird mitunter auch der Besuch einer Ausstellung oder Zuchtveranstaltung bindend fixiert. Inwieweit diese Verträge später in allen Punkten rechtsgültig sind, sei dahingestellt. Bei einem vertrauensvollen Verhältnis zwischen Ihnen und dem Züchter sollte der Vertrag letztlich eine Formsache sein.

Ein Hund zieht um

Der große Tag ist gekommen, das neue Familienmitglied kann endlich abgeholt werden. Die mehr oder weniger lange Autofahrt sollte mindestens zu zweit angetreten werden. Ein Fahrer und ein Familienmitglied, das sich während der Heimreise um das Wohlbefinden des Welpen kümmert. Idealerweise die Person, die in den nächsten Wochen die Hauptbezugsperson des Hundes sein wird. Wenn möglich holen Sie den Kleinen frühzeitig ab, sodass er idealerweise vor dem Abend noch ein paar Stunden Zeit hat, sein neues Zuhause zu erkunden. Die letzte Mahlzeit beim Züchter sollte mindestens vier Stunden zurückliegen und nach einer letzten ausgelassenen Spielphase mit den Geschwistern sollten Sie mit Ihrem kleinen Terrier aufbrechen. Schon auf der Fahrt leistet die besprochene Decke mit den heimischen Gerüchen gute Dienste. Sicherer als auf dem Schoß des Beifahrers ist der Hund in einem gemütlichen Nest im Fußraum untergebracht. Mit einem soliden, verstellbaren Brustgeschirr kann der Welpe auch schon mit einem Hundesicherheitsgurt neben uns auf der Beifahrerbank angeschnallt werden. Meist gewöhnt sich der Kleine schnell an die neue Situation und schläft, mehr oder weniger schnell, erschöpft von den vielen neuen Eindrücken ein. Sobald der Hund erwacht, wird eine kleine Pause eingelegt. Zur Sicherheit des Welpen wird in das Geschirr eine leichte Leine eingehakt und ein Rasenstück angesteuert. Dort wird er sich schnell lösen und nach einer kleinen Spielpause kann die Fahrt weitergehen. Gefüttert wird während der Heimreise auf keinen Fall, auch keine Leckerli, weil diese leicht zum Erbrechen bei der Weiterfahrt führen. Diese Übelkeit empfinden auch Hunde als sehr unangenehm und viele verknüpfen sie schnell mit Autofahrten, erbrechen später dann immer wieder und fahren sehr ungern mit.

Nach der Ankunft darf der Welpe zuerst einmal in Ruhe sein neues Zuhause erforschen und bekommt – endlich – auch mal wieder etwas zu fressen. Die erste Nacht ohne die wärmenden Geschwister in einer noch fremden Umgebung kann für einzelne Tiere noch beunruhigend sein. Die meisten Terrier stellen sich aber sehr schnell um. In jedem Fall darf der Kleine die ersten Nächte nicht allein, womöglich noch in einem weit abgelegenen Raum, verbringen. Das Körbchen oder die Schlafkiste wird neben Ihr Bett gestellt und solchermaßen beruhigt durch Ihre Nähe wird der Welpe schnell einschlafen. Zudem merken Sie sofort, wenn der Hund nachts unruhig wird und sich lösen muss. Dann wird er schnell an die richtige Stelle getragen und alle können weiterschlafen. Dies ist ein wichtiger Schritt zur Stubenreinheit. Natürlich ist die Versuchung riesig, das niedliche kleine Hundebaby mit ins Bett zu nehmen, nur für die ersten Nächte natürlich. Das sollten Sie sich vorher aber gut überlegen, denn wenn ein schlauer Terrier erst einmal weiß, wie komfortabel ein Menschenbett ist, wird er sehr ungern wieder ausziehen!

Besonders in den ersten Wochen sollten Sie die Empfehlungen Ihres Züchters beherzigen: Zum einen kommen dann auf Ihren Hund nur die notwendigsten Veränderungen in der Umgewöhnungsphase zu, zum anderen besitzt der Züchter umfassende Erfahrung mit der Rasse im Allgemeinen und Hunden seiner Zuchtlinie im Besonderen. Ansonsten ist es natürlich vorteilhaft, zumindest einige Sachbücher über Aufzucht, Haltung, Verhalten, Erziehung und Gesundheitsvorsorge zu lesen, um sich umfassend zu informieren. Leider können all diese Themen im Rahmen dieses Buches nicht ausreichend genug vertieft werden, so erfolgt die Konzentration auf den wichtigsten Abschnitt bezüglich der Entwicklung Ihres Welpen und rassespezifische Besonderheiten. Unter Hundekennern kursiert folgende Aussage: „Die Zucht macht den Welpen, die Aufzucht den Hund“. Darin steckt viel Wahres, auch ein hervorragend veranlagter Jack Russell oder Parson Russell Terrier Welpe kann durch schwerwiegende Aufzuchtsfehler in Wesen und Gesundheit noch ruiniert werden.

» **Aus dem tapsigen Welpen wird schnell ein eleganter Junghund.**

Aufzucht, Pflege, Ernährung und Erziehung

Bei der Aufzucht eines Jack Russell oder Parson Russell Terriers sollten folgende Grundsätze beachtet werden: Der Welpe braucht einen eigenen Schlaf- und Ruheplatz. Dies kann ein Körbchen sein, das mit einem weichen Kissen oder einer speziellen Hundedecke ausgelegt wird. Weidenkörbe sind oft sehr günstig zu erstehen, werden aber von den Terrierzähnen sehr schnell zerlegt, meist in gefährlich spitze Splitter! Deshalb ist ein stabiler, leicht zu reinigender Kunststoffkorb die bessere Lösung. Sehr beliebt sind auch textile Schlafhöhlen, die den Vorteil bieten, komplett in die Waschmaschine zu passen. Auch offene Transportboxen werden von vielen Welpen als sicherer Schlafort angesehen und gut akzeptiert.

Welpen brauchen noch viel Schlaf. Nach ausgelassenem Spiel, kleineren Erkundungsgängen und nach dem Fressen und Lösen wird meist eine Schlafpause eingelegt. Beim Schlafen wird der Welpe nicht gestört und geweckt, auch wenn es den Kindern noch so schwer fällt!

Der Welpe wird regelmäßig zu bestimmten Zeiten gefüttert, frisches Trinkwasser muss immer zur Verfügung stehen!

» Das Futter sollte immer dem Alter und der Aktivität des Hundes angepasst werden.

Nach dem Fressen, nach dem Spielen und nach dem Schlafen wird der Welpe schnellstens nach draußen gebracht, um seine kleinen und größeren Geschäfte, begleitet von viel Lob, zu verrichten.

Welpen haben einen ausgeprägten Erkundungsdrang, dies ist auch wichtig, um das neue Heimterritorium gut kennenzulernen. Allerdings kann der kleine Entdecker hierbei in einige Gefahren geraten. Deshalb muss er immer gut beobachtet und Gefahrenquellen für den Hund, wie zum Beispiel Stromkabel oder giftige Pflanzen, außer Reichweite gebracht werden.

Welpen besitzen ein noch nicht ausreichend gefestigtes Knochen-, Knorpel- und Bändergerüst, das durch Aufzuchtfehler mehr oder weniger schwer geschädigt werden kann. Besonders gefährlich kann das ungeschickte Hochnehmen eines Welpen sein, keinesfalls darf der Hund an den Vorderläufen hochgezogen werden. Korrekt ist eine Hand unter den vorderen Teil des Brustkorbs zu legen und mit der anderen Hand unter das Hinterteil des Welpen zu greifen.

Insbesondere Kinder müssen erst lernen, dass das süße Terrierbaby kein Stofftier ist. Der Welpe darf nur unter Aufsicht eines Erwachsenen hochgenommen werden. Wenn der kleine Wusel sich aus den Kinderhänden windet und herunterstürzt, kann er sich schwerwiegende Verletzungen zuziehen. Selbstbewusste kleine Hunde schätzen es ohnehin wenig, ständig auf den Arm genommen zu werden, man sollte es diesbezüglich also keinesfalls übertreiben.

Erwachsene müssen besonders aufpassen, wohin sie treten, zu schnell gerät eine noch sehr zarte Welpenpfote unter einen Schuh.

Anfangs sind die Spaziergänge eher kurz, dem erwachsene Jack Russell oder Parson Russell Terrier allerdings können sie kaum lang genug sein.

In den ersten Lebensmonaten sollten weder der Parson Russell noch gar der kurzbeinigere Jack Russell Terrier häufig Treppen steigen, Brüstungen erklimmen oder gar Sprünge vollführen müssen. Schäden an Knochen, Bändern und Gelenken sind vorprogrammiert. Auch die Spaziergänge dürfen nicht endlos ausgedehnt werden, anfangs genügen kleine Erkundungsgänge von zehn Minuten vollends und werden dann nach und nach gesteigert.

ALLGEMEINE FAUSTREGEL

Alter des Hundes – Länge der Spaziergänge

1/4 Jahr	-	1/4 Stunde	
1/2 Jahr	-	1/2 Stunde	
3/4 Jahr	-	3/4 Stunde	
1 Jahr	-	1 Stunde	
		1- bis 2-mal täglich	

älter als 1 Jahr

aufbauendes Training und dann regelmäßig so viel und so lange wie gewünscht

Später können die Spaziergänge für Ihren Hund kaum lange genug sein, Energie und Erlebnishunger eines Terriers sind schier unerschöpflich.

Auch die Zahnstellung des Welpen kann durch Aufzuchtfehler negativ verändert werden. Während des Zahnwechsels, der etwa ab dem 4. Lebensmonat zum Ausfallen der Milchzähne führt, sollte man auf keinen Fall wilde Zerrspiele mit dem Welpen veranstalten. Wenn der kleine Terrier sich in Tuch oder Spielzeug verbeißt und mit aller Kraft entgegenstemmt, wirken starke Zugkräfte auf den noch weichen Kiefer und die noch nicht ausreichend gefestigten neuen Schneidezähne ein.

» So kann der kleine Terrier sicher gehalten und getragen werden.

So kann ein noch korrektes Scherengebiss mitunter zum fehlerhaften Vorbiss werden. Zudem sind wilde Zerrspiele, die sowohl Jack Russell als auch Parson Russell Terrier so richtig in Rage bringen, ohnehin nicht die beste Art, sinnvoll mit dem jungen Hund zu spielen. Besser wird überschüssige Energie beim lustvollen Benagen von Büffelhautknochen oder einem der vielen anderen Artikel aus getrockneten Tierprodukten abreagiert. Hierbei wird auf natürliche und ungefährliche Weise der Kiefer gefestigt, das Zahnfleisch massiert und der Zahnwechsel unterstützt.

» **Wenn der Hund daran gewöhnt ist, für Pflegemaßnahmen auf einem Tisch zu stehen, lässt es sich leichter arbeiten.**

Pflegehinweise

Der Jack Russell und der Parson Russell Terrier sind pflegeleichte Hunde. Das Haar besteht sowohl bei der glatthaarigen wie auch bei der rauhaarigen Varietät aus Unterwolle und Deckhaar. Im Frühjahr und im Herbst steht der Fellwechsel an, allerdings haaren die Hunde ganzjährig etwas. Mitunter hat man den Eindruck, in Kleidung, Polstermöbeln, Teppichen und Autositzen befinden sich mehr Haare als auf dem kleinen Terrier selbst. Einmal in der Woche sollte der Hund gut durchgebürstet werden, im Fellwechsel natürlich häufiger. Das rauhaarige Fell muss mitunter etwas gezupft oder getrimmt werden, hierfür holen Sie sich Rat bei Ihrem Züchter oder einem anderen Kenner der Rasse. Schon der Welpe wird behutsam, aber konsequent an Pflegemaßnahmen gewöhnt.

Am zweckmäßigsten stellen Sie den Kleinen auf einen Tisch mit einer rutschfesten Unterlage und bürsten ihn kurz mit einer weichen Bürste. Anschließend werden die Augen kontrolliert und dabei auf Rötungen, Ausfluss oder andere Entzündungszeichen geachtet. Bei den Ohren ist nach Bedarf eine vorsichtige Reinigung mit einem speziellen Ohrreiniger nötig; ist der Gehörgang allerdings stark gerötet oder übelriechend, sollte der Tierarzt aufgesucht werden. Wenn Sie mit Ihrem Terrier in Feld und Wald unterwegs sind und der Hund plötzlich den Kopf schief hält und heftig schüttelt und kratzt, müssen Sie unverzüglich zum Tierarzt. Es besteht Verdacht auf einen Fremdkörper im Ohr, zum Beispiel eine Getreidegranne, die sofort entfernt werden muss. Auch die Zähne werden routinemäßig kontrolliert, kein Hund ist von dieser Maßnahme begeistert, deshalb muss besonders die Kontrolle von Maul und Gebiss frühzeitig geübt werden.

Übertriebene Reinlichkeit ist allerdings auch nicht nötig. Das gilt insbesondere für das Baden mit entfettenden Shampoos. Sie weichen die harten Deckhaare auf, das Fell wird weniger schmutzabweisend und der natürliche Säureschutzmantel der Haut wird geschädigt. Wenn Ihr Terrier sich in Aas, Dung oder ähnlich „duftenden" Naturessenzen gewälzt hat, ist allerdings ein Bad mit einem speziellen Hundeshampoo angesagt. Ist der Terrier nur schmutzig, reicht eine Dusche mit lauwarmem Wasser völlig aus. Danach ist gründliches Trocknen angesagt. Der Fachhandel bietet aber auch Spezialreinigungstücher für solche tierischen Dreckspatzen an, die den Hund erstaunlich wirkungsvoll und schonend in einen weißen Jack Russell oder Parson Russell zurückverwandeln.

Zahnkontrolle ist zwar unbeliebt, aber wichtig. »

» Die Ohren werden regelmäßig kontrolliert und gegebenenfalls vorsichtig gereinigt.

Auch Pfoten und Krallen bedürfen der regelmäßigen Kontrolle. Läuft der Hund überwiegend auf weichem Naturboden, nutzen sich die Krallen mitunter zu wenig ab, insbesondere bei älteren Tieren. Dies ist nicht nur ein optisches Problem, sondern kann auch zu Verletzungen und Fehlstellungen führen. Deshalb müssen zu lange Krallen mit einer Krallenzange vorsichtig gekürzt werden. Bei zu tiefen Schnitten kann das in der Kralle verlaufende Blutgefäß verletzt werden, was zu einer schmerzhaften, relativ starken Blutung führt. Viele Terrierbesitzer lassen die Krallen deshalb bei Ihrem Tierarzt kürzen, zumal Krallenschneiden bei Hunden äußerst unbeliebt ist und oft eine Hilfsperson zum Festhalten gebraucht wird. Zwischen den Zehen können sich Schmutz und ab dem Spätsommer die sogenannten Herbstgrasmilben festsetzen, die heftige Entzündungen hervorrufen können. Auch dies ist leider wieder ein Fall für den Tierarzt. Manche Hunde neigen auch an anderen Hautstellen zu Rötungen und Entzündungen, häufig auf allergischer Basis, auch dies muss ärztlich therapiert werden. Mitunter genügen spezielle Bäder oder ein Wechsel des Futters oder der Schlafunterlage, manchmal müssen aber auch Medikamente verabreicht werden bis hin zur individuellen Desensibilisierung.

» **Wenn Ihr Hund viel Kontakt mit anderen Hunden hat, sind regelmäßige Impfungen besonders wichtig.**

So kann der Terrier sicher im Auto transportiert werden.

Ernährung und Gesundheitsvorsorge

Die artgerechte Fütterung Ihres Jack Russell oder Parson Russell Terriers, der jeweiligen Lebensphase angepasst, ist heutzutage kein Problem mehr. Wenn Sie Fertigfutter bevorzugen, bietet der Fachhandel eine breite Produktpalette an, tendieren Sie zu einer selbstzubereiteten Mischung finden Sie eine Fülle an Informationsmaterial. In jedem Fall muss der Nährstoffbedarf Ihres Hundes durch folgende Inhaltsstoffe gedeckt werden: Eiweiß oder Protein, Fett, Kohlehydrate sowie Mineralstoffe, Spurenelemente und Vitamine. Spezialfutter für Rassen kleinerer Größe in den entsprechenden Lebensabschnitten sind bedarfsgerecht zusammengesetzt, selbst zusammengestelltes Futter erfordert den Erwerb von Fachwissen, um alle Nähr- und Zusatzstoffe richtig zu bilanzieren. In der Eingewöhnungsphase des Welpen wird in jedem Fall für die nächsten Wochen der Fütterungsplan des Züchters befolgt. Später kann man das Futter individuell umstellen. Jeder Futterwechsel sollte aber langsam eingeleitet werden, indem man das neue Futter in steigenden Anteilen zumischt. Abrupte Futterwechsel können zu ernsthaften Verdauungsstörungen führen. Im Alter von acht bis 12 Wochen erhält der Welpe vier Mahlzeiten, dann bis zum sechsten Monat drei und ab dem siebten Monat genügen zwei Mahlzeiten pro Tag. Die richtige Futtermenge ist nur individuell zu bestimmen, neben Alter und Gewicht spielen die körperliche Aktivität und die Futterverwertung eine Rolle. Bei einem drahtigen Terrier sollte man die Rippen gut fühlen können und nicht erst unter einer dicken Speckschicht mühsam ertasten müssen. Frisches Trinkwasser muss immer zur Verfügung stehen.

Wichtiger Teil der Gesundheitsvorsorge sind die regelmäßigen Impfungen gegen Staupe, Leptospirose, Parvovirose, Hepatitis, Zwingerhusten und Tollwut. Die erste Impfung erhält der Welpe schon beim Züchter, vier Wochen später wird die Grundimmunisierung bei Ihrem Tierarzt fortgesetzt. Neben den Empfehlungen des Züchters besprechen Sie die weiteren medizinischen Maßnahmen mit Ihrem Tierarzt, das betrifft insbesondere die regelmäßigen Entwurmungen und eventuell nötige Vorsorgemaßnahmen gegen weitere Parasiten wie Flöhe und Zecken. Es ist ohnehin zu empfehlen, nach dem Kauf mit dem neuen Familienmitglied einen kurzen Besuch bei Ihrem Haustierarzt zu machen. Hier wird der Kleine kurz durchgecheckt, gewogen und mit einem besonderen Leckerli versorgt, wieder entlassen. So ist der erste Arztbesuch eine spannende und angenehme Erfahrung für den Hund und stimmt ihn positiv für weitere nötige Tierarztbesuche!

Grundlagen der Erziehung

Einen Parson Russel oder Jack Russel Terrier zu erziehen, ist nicht immer einfach und erfordert neben viel Geduld und Einfühlungsvermögen auch Konsequenz und Durchsetzungsvermögen. Beide Rassen wurden ursprünglich für die selbständige Arbeit unter der Erde gezüchtet, und die Hunde mussten blitzschnell selbst entscheiden, welches Verhalten erfolgversprechend war. Der Mut, das Selbstbewusstsein und die Unabhängigkeit sind noch heute markante Eigenschaften dieser Hunde und machen sie für die große Fangemeinde so attraktiv, aber sie erleichtern nicht immer Erziehung und Anpassung an unser Familienleben!

Wichtig ist die Konsequenz bei allen Erziehungsmaßnahmen. Das erste Gebot der Hundepädagogik lautet: Ein Verhalten ist verboten oder erlaubt. Also darf der Hund zum Beispiel grundsätzlich nie auf die gemütliche Couch, kann er dies leicht lernen. Ist er allerdings am Tag x sauber und der Besitzer legt ein Mittagsschläfchen mit Terrier auf dem Bauch ein, aber am Tag y ein Schlammklümpchen und deshalb unerwünscht auf dem Sofa, wird dem Hund nie klar, was er darf und was nicht. Das Gleiche gilt für den Erziehungsstil der Familienmitglieder untereinander, keinesfalls darf einer etwas erlauben, was ein anderer verbietet. Gleiches gilt natürlich auch für den Single, auch er darf nicht die Regeln je nach Laune ändern. Gerade ein Terrier erkennt solche „Systemschwächen" sofort und nützt sie zu seinem Vorteil. Wenn der Hund ein Kommando bereits zuverlässig beherrscht, muss Sorge getragen werden, dass er es auch ausführt. Dies gilt insbesondere für Befehle wie „Sitz", „Platz", „Bleib", „Komm", „Aus" und „Pfui", einmal erteilt, müssen Sie die Ausführung beharrlich durchsetzen.

Hier klappt die Sitzübung schon perfekt. »

» **Schnelles, freudiges Herankommen sollte jeder Jack Russell oder Parson Russell Terrier beherrschen.**

Viele Dinge, die für uns hundliches „Fehlverhalten" sind, entsprechen dem Normalverhalten eines Caniden und müssen behutsam abgestellt werden. So ist es völlig normal, dass ein Welpe nicht gerne allein bleibt. Er wäre ohne sein Rudel in freier Natur verloren, also setzt er, auch stimmlich, alles daran, den Kontakt nicht zu verlieren. Nach und nach lernt der junge Hund, immer ein klein wenig länger allein zu bleiben; hier ist Geduld und Belohnung im richtigen Augenblick überaus wichtig.
Zwang und Strafen verringern den Lernerfolg, viel besser ist es mit positiver Verstärkung, also mit Belohnung zu arbeiten. Eine solche kann ein Leckerbissen, ein Lob, eine Streicheleinheit oder auch eine ausgelassene Spieleinheit sein. Wenn der Hund ein erwünschtes Verhalten zeigt, muss die Belohnung innerhalb von 3 Sekunden erfolgen, sonst erfolgt keine Verknüpfung mehr. Kurze, aber häufige Übungseinheiten sind besser als seltenes, langes Training. Beginnen Sie alle Übungen in ruhiger Umgebung und erst wenn hier alles klappt, kann in unruhiger, neuer Umgebung weiter geübt werden.
Besonders das Herankommen muss mit einem Jack Russell oder Parson Russell Terrier sorgfältig und immer wieder geübt werden. Wenn der Hund trotz mehrmaligem Rufen erst nach ausgiebigem Toben oder gar Jagen herankommt, darf er keinesfalls bestraft werden, sondern muss, wenn auch zähneknirschend, gelobt werden. Sonst ist die fehlerhafte Verknüpfung „Herankommen bedeutet Strafe" schnell hergestellt, später nähert sich ein solcher Hund entweder gar nicht mehr oder kriecht unterwürfig heran, was ja keinesfalls wünschenswert ist.

Eine andere Unart, die komplett auf Besitzerfehler zurückgeht, ist das Betteln am Tisch. Wenn Sie Ihrem Hund während Ihrer Mahlzeiten konsequent niemals etwas zugesteckt haben, wird er damit gar nicht erst beginnen. Aber schon ein gelegentliches Bröckchen ermutigt dieses Verhalten sofort, deshalb muss auch hundefreundlicher Besuch unbedingt gebeten werden, den süßen Terrier nicht zu füttern.

Eine normale Freudenäußerung aller Hunde ist das Anspringen. Ein Parson Russell oder gar ein Jack Russell wird weder so groß noch so schwer, dass er uns gleich umwerfen wird. Allerdings kann er uns, falls er vorher im Dreck gewühlt hat, die Kleidung verschmutzen oder mit seinen Krallen kratzen. Deshalb dreht man sich, wenn der Hund zum Hochspringen ansetzt, am besten schnell zur Seite und befasst sich erst dann mit dem Kleinen, wenn alle vier Pfoten auf dem Boden sind. Häufig lässt sich die überschäumende Freude auch in ein anderes Verhalten umlenken, indem der Hund sein Lieblingsspielzeug anschleppt und dafür mit einem Spielchen belohnt wird.

» **Besonders bei großer Hitze ist eine Abkühlung im Wasser hochwillkommen.**

Wenn Sie einige Grundregeln einhalten, sollte auch die Erziehung zur Stubenreinheit kein Problem darstellen. Wichtig ist, den Welpen während der ersten Woche gut zu beobachten und folgende Punkte einzuhalten: Ein Hundebaby muss nach jedem Fressen, beim Erwachen und nach einer Spieleinheit ein größeres oder kleineres Geschäft verrichten. Es wird dann jeweils schnell an den festgelegten Löseplatz, zum Beispiel eine Gartenecke, getragen und nach vollendeter „Tat", für die Sie manchmal auch etwas Geduld aufbringen müssen, ausgiebig gelobt. Wenn Sie hierfür auch noch das immer gleiche Hörzeichen verwenden, lösen sich viele Hunde später auf Kommando. Als Faustregel gilt, dass ein Welpe tagsüber nur so lange in Stunden einhalten kann, wie sein Alter in Monaten zählt. Das heißt also: Der erst zwei Monate alte Familienzuwachs muss tagsüber alle zwei Stunden „verschwinden" gehen und muss auch nachts manchmal herausgetragen werden, denn ein Welpe hat den natürlichen Trieb, sein Schlaflager nicht zu verschmutzen. Wenn der junge Hund älter wird, werden diese zeitlichen Abstände automatisch größer und Sie haben mit Ihrem Terrier die erste, wichtige Erziehungshürde erfolgreich gemeistert.

Ausstellung und Zucht

Wenn Sie Ihren Jack Russell oder Parson Russell Terrier einmal ausstellen oder gar züchten wollen, können Sie sich bei Ihrem Züchter, beim Klub für Terrier e. V. oder Parson Jack Russell Terrier Club Deutschland e.V. informieren. Voraussetzung für die Teilnahme an einer Ausstellung oder Zuchtschau des VDH ist eine Registrierung im entsprechenden VDH (im Ausland FCI) Zuchtbuch. Wenn Ihr Hund, weil Ihnen beim Kauf noch die nötige Sachkunde fehlte, keine VDH Papiere hat, ist in einzelnen Fällen eine Registrierung für eine Schau möglich, eine Zuchterlaubnis allerdings nicht.

» Gelassenes Stehen gehört zum Training für die Ausstellung.

Zuchtschauen sind der Treffpunkt für Rassehundeenthusiasten, für Gesprächsstoff ist also reichlich gesorgt. Die Hunde werden nach Geschlechtern getrennt in verschiedenen Altersklassen gerichtet, von der Jüngsten- bis zur Veteranenklasse. Jeder ausgestellte Hund erhält eine mehr oder weniger umfangreiche Richterbewertung, die Vorzüge aber auch Fehler dokumentiert. Die jeweils besten Hunde der diversen Schauklassen erhalten Anwartschaften auf nationale oder internationale Championtitel. Der Sieger der Rüden konkurriert mit der Siegerhündin um den heiß begehrten Titel „Bester der Rasse“, oft abgekürzt als BOB „Best of Breed“.

» Auf Zuchtschauen trifft man Hunde jeden Alters und kann sich gut informieren.

Ausstellungen sind Schaufenster der Rasse: Deckrüdenbesitzer und Züchter stellen ihre Zuchthunde und deren Nachzucht vor und dokumentieren so einen Ausschnitt des aktuellen Standes der Zucht.

Ausbildungsmöglichkeiten und Sport

» Agility und Turnierhundesport sind Lieblingsdisziplinen beider Rassen.

Seinen Jack Russell oder Parson Russell Terrier konsequent und liebevoll zu erziehen, ist Aufgabe jedes Besitzers. Darüberhinaus sind natürlich auch weitergehende Ausbildungen oder diverse sportliche Disziplinen möglich.

» In einer Gruppe Gleichgesinnter macht das Training doppelt Spaß.

» **Zwischen den Übungen muss immer wieder eine Spielpause eingelegt werden.**

Als Jagdhunden stehen diesen Rassen etliche Prüfungen offen, die zum Beispiel von Jagdgebrauchshundeverbänden angeboten werden. Nicht jagdlich geführte Terrier können die sogenannte Begleithundeprüfung ablegen. Übungen, die der Hund sicher und auch ohne Ablenkung ausführen muss, sind zum Beispiel Leinenführigkeit, Folgen frei bei Fuß, Sitzen, Ablegen in Verbindung mit Herankommen und auch Übungen außerhalb des Hundeplatzes.
Viele Hundevereine bieten hierfür Übungsstunden an und engagieren im Anschluss Richter, die die Prüfung offiziell abnehmen. Allerdings dürfen Sie nicht vergessen, dass Sie einen quicklebendigen, selbständigen Terrier an Ihrer Seite haben und keinen unterordnungsbereiten Deutschen Schäferhund! Geben Sie Ihrem Hund Zeit und viel Lob für die Bewältigung dieser Aufgaben. Eine für Jack Russell und Parson Russell Terrier besonders geeignete Disziplin ist Agility. Hier gilt es einen Hindernisparcour zu überwinden mit Hürden, Tunneln, Wippen, Laufsteg, Rampen und so weiter. Hier kann Ihr Hund sein Temperament, seine Intelligenz und seine Geschicklichkeit einbringen und wird artgerecht gefördert und gefordert. Je nach persönlichem Geschmack können Sie die Übungen hobby- oder wettkampfmäßig bis hin zu Europameisterschaften ausführen. Das Angebot an neuen Sportarten wird immer bunter und reicht von Flyball bis Dogdancing. Am besten sieht man sich Hundeschulen und -vereine der Umgebung in Ruhe an und vergleicht die Angebote. Entscheidend ist nicht die kurze Anfahrt oder das repräsentative Vereinshaus, wichtig ist der liebevolle, tiergerechte Umgang mit den Hunden. Spiel und Spaß sollten im Hundesport im Vordergrund stehen! Wem organisierter Hundesport nicht liegt, der kann seinem Parson Russell oder Jack Russell Terrier auch über abwechslungsreiche Spaziergänge und intensive Beschäftigung sowie durch viel Kontakt mit anderen Hunden ein rundum erfülltes Hundeleben bieten.

Anhang

Verband für das Deutsche Hundewesen (VDH)
Westfalendamm 174, 44141 Dortmund
Tel.: 0231 - 5 65 00-0, Fax: 0231 - 59 24 40
E-Mail: info@vdh.de

Klub für Terrier e.V.
Geschäftsstelle
Schöne Aussicht 9, 65451 Kelsterbach (DE)
Tel.: 0 61 07 75 79-0, Fax: 0 61 07 75 79 28
E-Mail: info@kft-online.de
www.kft-online.de

Parson Jack Russell Terrier Club Deutschland e.V.
Heike Schöngen
Markstr. 33, 52477 Alsdorf (DE)
Tel.: 0 24 04 55 89 46
Fax: 0 24 04 55 89 47
www.parsonjackrussell.de

(Der Verlag ist nicht für den Inhalt der Homepages und deren Links verantwortlich!)

Bildnachweis:

Dr. Cornelia Renczes: Seite 5, 17 r., 18 u., 28 u., 29 o., 30, 39, 46, 50, 51 li., 53, 62 u., 63;

Bernd Brinkmann: 2, 3, 4, 6/7, 8/9, 10, 11, 12, 13, 16l., 17 l., 18 r. o., 21, 22/23, 24, 25, 26 l.o., 27, 28 l. o., 29 r. u., 31, 33 l.u., 37, 41, 42/43, 45, 47, 48, 49, 51 r. o., 52, 53, 54, 55, 56, 57, 60, 61, 62 o., Cover;

Isabelle Francais: Seite 3 r. u., 5, 14, 16 r., 20, 33 r. u., 34, 35, 36, 38, 40, 44, 58, 59;

Christine Steimer: Seite 15, 19 und 64;

Carol-Ann Johnson: Seite 26 u.;

Der Verlag dankt den Züchtern ***Ursula und Eckart Bracksick/Parson Russell Terrier Nieding Forest*** sowie ***Parson und Jack Russell Terrier von Ascherfeld*** für deren Unterstützung.

Jetzt Probeheft bestellen
Partner HUND
Telefon: **(02 11) 69 07 89 945** oder
E-Mail: **partner-hund@pms-abo.de**
www.partner-hund.de
Europas größtes Hundemagazin